粒子法

基礎と応用

粒子法

基礎と応用

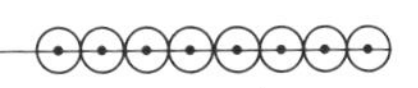

矢川元基 Yagawa Genki
酒井　譲 Sakai Yuzuru

岩波書店

はじめに

宇宙物理学の研究者によって1970年代に誕生した粒子法は，その分野の有力な数値解析手法として発展してきました．流体の超大変形挙動を解析する特殊な解法として考えられ，工学の分野では有限要素法や差分法のようには注目されていませんでした．しかし，この手法が流体問題のみならず固体解析，熱伝導解析などにも有効な手法であることが明らかとなり，また，そのメッシュレス性も重要視され，工学者の間でも盛んに研究や開発がなされるようになりました．これまでの手法では難しかった多くの複雑な問題についても有効となることが示され，最近では有限要素法や差分法と並ぶ有力な解法として注目を浴びる存在になっています．

しかし，国内外を見回しても定評のある入門的な粒子法の書が出版されていないのが現状であり，わかりやすい解説書の出版が待たれていました．このような背景のもとで，本書は，計算科学や計算力学の分野での新しい解析手法である粒子法，特にSPH (Smoothed Particle Hydrodynamics) と呼ばれる方法について解説した本です．本書は，熟練した研究者を読者として想定したものではなく，粒子法がどのようなものなのかをとりあえず知りたいという研究者や技術者を念頭に置いて書かれた入門書です．そのために，本書は，初心者にも理解しやすいように記述されています．難しい理論の紹介はできるだけ少なくし，粒子法の全体像をまず理解していただくことを優先しています．もちろん，本書は粒子法の解説書であるため，やや高度な数式や理論などがでてきますが，それらを完全に理解する必要はなくまた難解なところは読み飛ばしても差し支えありません．

本書を執筆するにあたっては，福井大学客員教授の一宮正和博士からきわめて適切なコメントをいくつかいただきました．また，岩波書店編集部の加美山亮氏には本書出版企画の段階から出版にいたるまでさまざまなご無理をお願いし，快くご理解いただきました．この場をお借りしてこれらの方々とその他お世話になった方々に対し心から感謝いたします．

2016 年 10 月

著者ら記す

目　　次

1 粒子法とは

本章では粒子法がどのような目的で開発されたのかを紹介します．粒子法の理論はその目的のために生み出され，従来の解析手法では難しかった連続体場の大変形問題があつかえるようになりました．さらに粒子法は流体解析から固体場解析，熱解析など多様な分野の手法として発展しつつあります．

1.1 粒子法はどのような目的で開発されたか

粒子法は，理論的な難しさ，粒子法で使われる粒子モデルの特異さ，計算精度への不安，さらに従来の解析手法との関係など不明なことが多く，また現状では広く粒子法全般をあつかった入門書もないことから，なかなか多くの人々への理解が進まないというのが現状のようです．

連続体場を扱う数値解析手法といえば，固体や流体問題の有限要素法(例えば，[O. C. Zienkiewicz and R. L. Taylor(矢川元基訳者代表) 1996])，流体問題の差分法(例えば，[数値流体力学編集委員会編 1999])が頭に浮かびますが，粒子法の理論はこれらと全く異なっています．粒子法は流体問題，固体問題，伝熱問題など従来の手法が扱った問題を解くことができると同時に，同じ流体問題，固体問題を扱うとしても，今までの方法では手に負えなかったような興味深い解析が可能であることが知られています(例えば，[S. Li and W. K. Liu 2004]，[G. R. Liu and M. B. Liu 2005])．

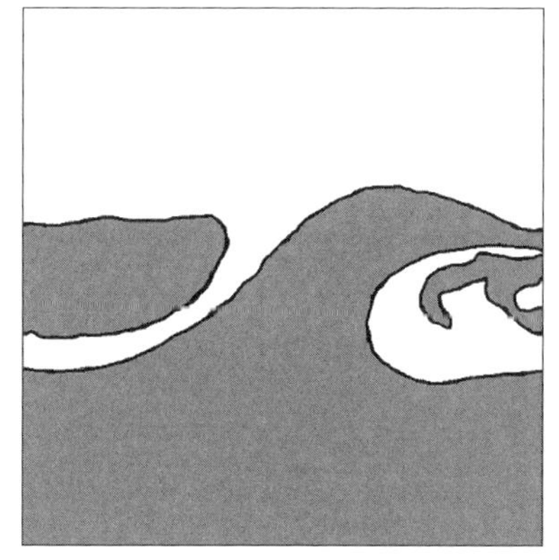
(a) 流体の自由な運動

(b) 粒子モデルによる表現

図 **1.1** 流体の大変形運動を粒子モデルにより表現

では，粒子法はどのような目的で開発されたのでしょうか．現在広く使用されている解析法，たとえば有限要素法は米国における航空機の構造安全性を評価する開発からはじまり，それによる構造解析，流体解析，熱解析技術などがひろく一般の製造業の製品にまで使われるようになりました．

一方，粒子法は，流体問題，それも図 1.1 に示すようにきわめてダイナミックに運動する流体挙動をわかりやすく表現する数値シミュレーション法として開発されました．流体の特徴は自由自在に変化する複雑な動きです．激しく流れ，渦を巻き，砕け散るという流体運動は私たちの周辺にいくらでもありますが，この具体的な挙動をシミュレーションする数値解法として開発されたのが粒子法です．粒子法が採用した粒子モデルは流体を構成する素片(流体の一部をなす基本単位)をモデル化したもので，これによって流体の自由な大変形が表現可能となりました．

これまでの流体解析では差分法や有限要素法にみられるように格子モデルや要素モデルを用いる方法が一般的でした．これらの方法は定常状態にある流体の物理量の分布を求めるには非常に適した方法ですが，流体の持つ自由で大きな変形運動を求めるには限界があります．

一方，粒子法では個々の流体素片の運動方程式を解き，時間経過に従って流体素片が個々に移動する解析手法をとるため，流体の大きな変形や衝突による流体の分裂などを求めることができます．このように流体そのものを流体素片の集合体としてモデル化する方法は，格子あるいは要素を用いる手法に比べて画期的なものです．粒子法は流体解析のみならず構造解析，固体解析にも応用されています．物質を素片の集合体としてモデル化することにより物質の運動・物質形状の大きな変化がより自由におこなえるシミュレーション技術が実現されたわけです．

その粒子法とはいったいどのようなものかを知るために，粒子法の開発の歴史を見ることにします．開発の歴史を知ることが粒子法理解のための最初のステップとなるはずです．粒子法の歴史といってもまだ40年にもみたない短いものですが，この期間に独自の方法論をもった解法が発展を遂げています．まず粒子法の原型となったのは1970年代後半に現れたSPH法[L. B. Lucy 1977]，[R. A. Gingold and J. J. Monaghan 1977]とよばれる2つの手法です．両者は，ほぼ同様の解法を構想しているものの内容は若干異なります．このうち，GingoldとMonaghanはParticle Method(粒子法)というキーワードを用い，さらに自分たちの方法をSPH(Smoothed Particle Hydrodynamics)法と命名しました．

SPH法が解こうとしたのは宇宙物理学の分野における流体大変形，すなわち星集団の大変形運動問題でした．星集団の衝突・合体現象に適用されたのが最初ですがこれがなぜ流体問題かといえば，無数の星の集団の運動は，大局的に見ればガス(稀薄性流体)の挙動と同一とみなせ，圧縮性流体方程式を用いて解くことができるからです．この手法で，銀河どうしの衝突・合体現象などが解析されました．激しく流れ，渦を巻き，衝突して分裂するという宇宙規模の流体現象がこの手法によって表現されたわけです．ちなみに現在の宇宙物理学の数値解析では，数百億粒子を用いたSPH解析がスーパーコンピュータを用いて行われています．SPH法の登場によって粒子モデル，影響半径，重み関数の使用といった現在の粒子法

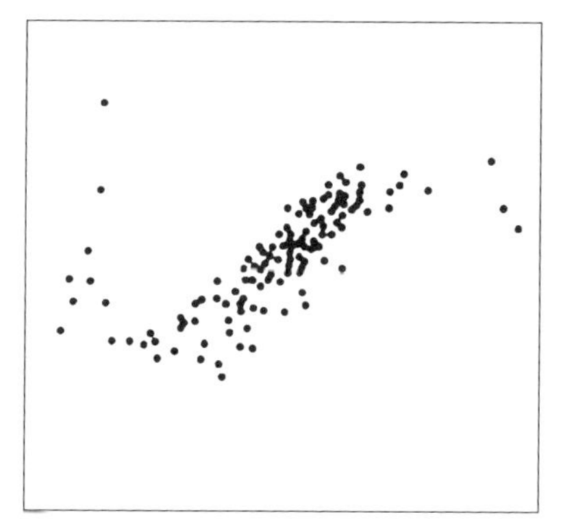
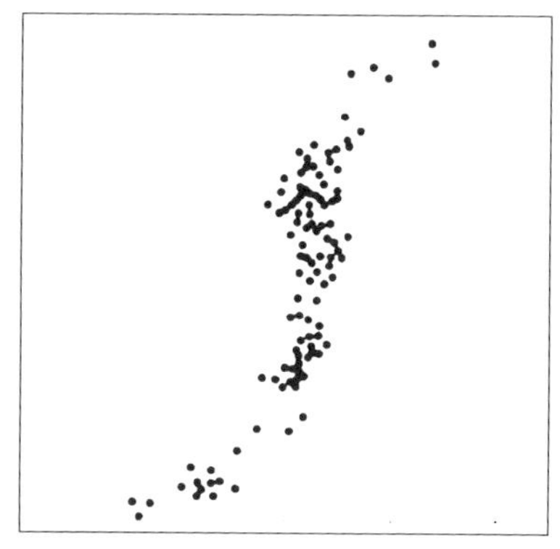

図 **1.2**　星集団の大変形運動(左から右へ時間が経過)([L. B. Lucy 1977])

の特徴がはじめて定義されました．このように宇宙物理の分野で構想された解析手法であるため，きわめて個性的な解析手法として誕生したわけです．開発者らは工学の分野の流体解析，主として差分法に関しては知識をそなえていたのですが，それとは異なる道を自由に発想したのです．

そのような訳ですから，工学では主流の有限要素法の理論とは全く異質ですし，差分法などとも違った独自の解析手法として誕生したと思われます．なお，開発が物理学の分野でおこなわれたため，この手法は物理学的な発想が強く，MD (Molecular Dynamics)などの手法と同一のグループに分類されることもあります．SPH 法で得られた星集団の運動を図 1.2 に示します．粒子モデルのみにより解かれた最初の例といえます．

このように粒子モデルを用いることによって星集団の動きが視覚的に求められます．ここで注意しなければならないのは，粒子が離散的に(とびとびの点として)運動しているように見える点です．パチンコ玉あるいはビリヤード球の運動に似ています．しかし，現在の粒子法が扱う現象は水の運動のようないわゆる連続体の運動であり，離散的な運動ではありません．図は星集団の運動という一種の稀薄性流体問題を解いた解ですが，粒子数が少ないため，視覚的には離散的運動に見えるということです．この解析ではわずか 80 個の粒子が使われていますが，SPH 法は，その後，水のような流体の運動，さらに固体の大変形解析，熱伝導解析などへ展開されていきます．

1.2　様々な粒子法

粒子法を英語で表記すればParticle Methodであり，粒子モデルを用いた解析手法の総称となっています．このように定義すると現状では10種類を超える多くの解法がふくまれますが，本書ではより明確に，①粒子モデル，②影響半径概念，③重み関数による補間法の3要素を使用する連続体解析手法と考えることにします．現在粒子法と呼ばれる手法はほぼこれらの条件をそなえています．

もともと流体解析の分野では粒子を利用する数値解法のアイデアとして，PAF (Particle and Force)[F. H. Harlow and B. D. Meixner 1961]，PIC (Particle in Cell)[F. H. Harlow 1963]などがありました．これらは粒子法の先駆的なものともいえますが，上に述べた，②，③の特徴はそなえていません．しかし粒子モデルを使うことによって，流体のダイナミックな運動が表現可能であることを示唆した解法でした．PAF法は流体素片の運動方程式を直接解く方法で，現在の粒子法(SPH法など)と発想は似ています．PIC法は格子法の流れ解析に移動粒子を付加することで流体の大変形を表現しています．しかし，基本的な理論をみると，PAF法，PIC法などは，SPH法などとは異なった理論・アルゴリズムでできており，歴史的な連続性はあまり認められません．

上述したように，SPH法は1970年代後半に現れた粒子法で，現在もっともよく知られた解法のひとつです．明確な数理構造をもっていることが特徴であり，流体問題，固体問題，伝熱問題など，はば広い応用が可能となっています．SPH法を基本として多くの新しい手法が提案されています．それらの名称はたいてい一部にSPHという名称が付加されています(たとえばMLS-SPH法など)．これらは基本的な部分をSPH法に依拠している解法といえます.

SPH 法を基本としながら独自性を取り入れた方法として RKPM (Reproduced Kernel Particle Method) [W. K. Liu, S. Jun and Y. F. Zhang 1995]) もあります. RKPM は固体の超大変形問題などに応用されていますが, 本来の粒子法と有限要素法的な連続体の数理を融合させたものといえます. FPM (Finite Point Method) [T. Liszka and J. Orkisz 1980], [E. Onate, S. Idelsohn, O. C. Zienkiewicz and R. L. Taylor 1996] は補間法を前面に押し出した方法です. この手法は粒子法というよりもむしろ選点法や EFGM (Element Free Galerkin Method) [T. Belytschko, Y. Y. Lu and L. Gu 1994] に近い, あるいは有限要素法との関係性が強い手法です. FMM (Free Mesh Method) [G. Yagawa and T. Yamada 1996] も有限要素法と粒子法の間に位置する手法と言えます.

また, MPS (Moving Particle Semi-incompressible) [S. Koshizuka, H. Tamako and Y. Oka 1995] のような物理モデルを用いたユニークな粒子法も提案されています. 上述の 3 条件をそなえており, 主として流体問題に適用されていますが, 伝熱問題, 固体問題への応用も進められています. 私たちの日常生活にみられる流体運動, たとえばグラスに満たされた水がグラスの動きにしたがって揺動し, 渦を巻き, 溢れ出すといった流体のダイナミックな挙動を表現する手法として登場しました. 水や牛乳は粘性をもつ非圧縮性流体として扱われますが, 粒子法の中にこの非圧縮性の解法を導入する手順が実現されています. SPH 法と同様, 粒子モデル, 影響半径, 重み関数を採用しています. 図 1.3 は, MPS 法による砕波運動の解析結果です. この図のように, 非圧縮性流体の衝突, 砕波といったダイナミックな物質運動が表現されました.

SPH 法, MPS 法のいずれも現在ではガスのような気体をあつかう圧縮性流体解析, 水などを扱う非圧縮粘性流体解析がともに可能となっています. これらの例でもあきらかなように, 粒子モデルを用いると, 流れ, 渦を巻き, 砕け散るといった流体のダイナミックな運動が表現可能となりま

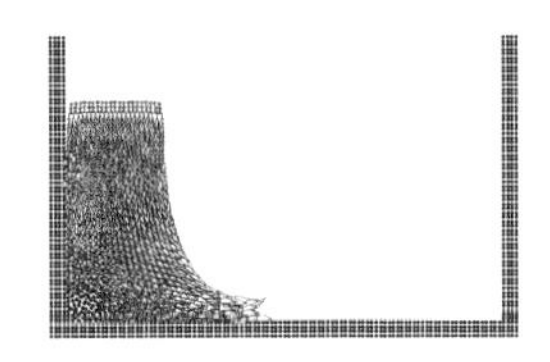
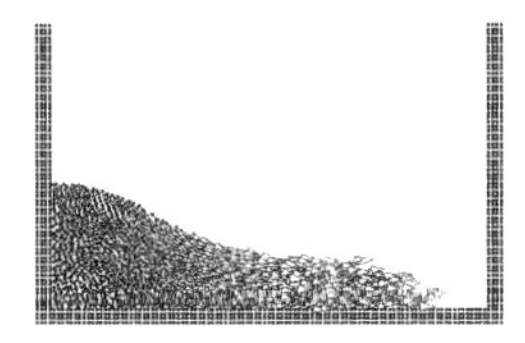

図 **1.3** 砕波解析[S. Koshizuka, H. Tamako and Y. Oka 1995]

す．粒子法はまずこのような解析の必要性から生み出されたものといえます．

1.3 メッシュレス性

差分法では計算格子が，また有限要素法では要素が用いられます(図1.4)．しかし，粒子法の特徴のひとつは計算格子や要素を用いない点であり，これをメッシュレス性と呼びます．計算格子の代表は差分法で用いられる差分格子です．差分法は流体解析，熱解析などで多用されるもっともポピュラーな解法のひとつであり，比較的簡単な理論で偏微分方程式を解くことができます．差分法では解析領域を正方形の格子で分割するのが基本です．この計算格子の格子点(グリッド)で，偏微分方程式の微分値を求めます．通常よく用いられる方法(中心差分)は隣接する両隣の格子点の物理量を用いて中央点の微分値を決定するために，隣接関係を定義する計算格子が必要です．

差分法から発展した有限体積法など流体力学解析の代表的な手法もすべて計算格子を必要とします．差分法の計算では，この隣接関係をあらかじめもとめておき初期データに加えておく必要がありますが，複雑な3次元問題を解こうとすると，この隣接関係を求めることが大変な手間になります．

また，有限要素法では，物体を要素に分割します．これら(計算格子や要素)を一般にメッシュといいますが，従来の多くの方法はメッシュを必要とします．一方，メッシュを用いない解法がメッシュレス解法とよばれ

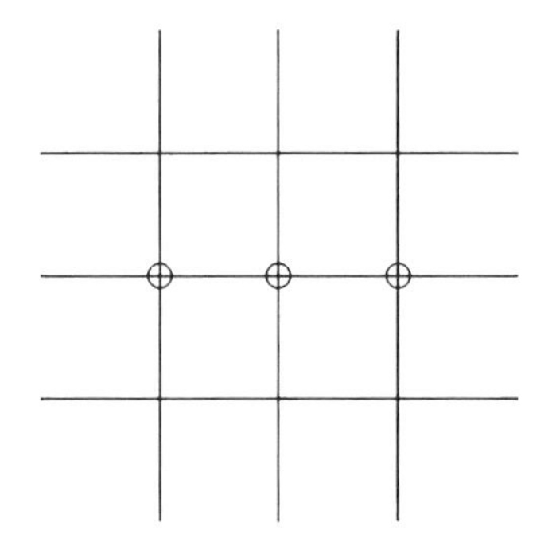

(a) 計算格子(固定した隣接関係)

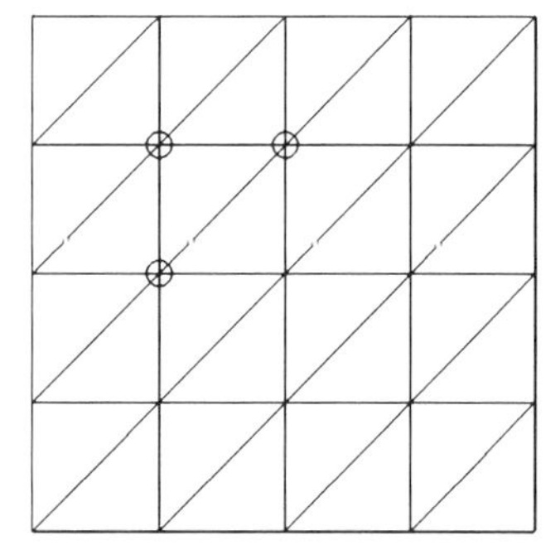

(b) 要素(節点の並び方は反時計まわり)

図 **1.4**　差分法の計算格子と有限要素法の要素(計算点の間には固定した関係がある)

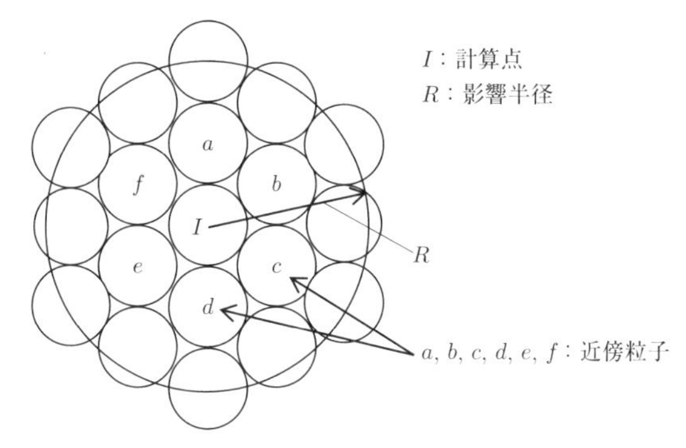

図 **1.5**　粒子法のメッシュレス性(中心粒子 I，すなわち計算点と近傍粒子の間の固定した関係は必要なく，影響半径の中にあるか否かのみが重要．I のもつ近傍粒子リストは a, b, c, d, e, f．なお，a, c, b, e, d, f のようにランダムでもよい)

そのひとつが粒子法です．

従来の計算方法ではメッシュが必要で，粒子法ではなぜ必要としないか．それは影響半径概念を採用している点にあります．粒子法では影響半径を設定することで，影響半径内部にある粒子群を分別しこの粒子群内部にある粒子間で物理量のやりとりをします．すなわち，図 1.5 において，中心粒子 I について近傍粒子(a〜f)の物理量をもちいて I の物理量を決定するのですが，この操作には(a〜f)のリスト(粒子番号)があればよく，それが反時計まわりにどのような順番なのかというような関係(これを有限要素解析ではコネクティビティと呼びます)は不必要です．ちなみに，有限要素法では，周辺要素との隣接関係(連続体としての連続関係)を定義するために，周辺要素が持つ節点の並び順(コネクティビティ)のデータが必要となり，3次元の複雑形状の物体を解析するときにはこのコネクティビティを求めることがたいへん煩雑です．

また，このメッシュレス性が大変形問題の扱いをより有利にしている点も重要です．メッシュ，すなわち格子や要素に依存する解法では物体が大変形を起こすとメッシュが潰れてしまう，あるいはメッシュが捩じれて計算ができないなどの問題がよく生じます．粒子法ではこのような問題が発生することはなく，メッシュレス解法としての利便性が注目されるわけです．しかし有限要素法のようにメッシュ化されたモデルは物体の形状が細部にいたるまで厳密に定義できるというメリットもあり，上記のような問題をおこさないメッシュレス解析が一概に優れているというわけではありません．

1.4　流体問題から固体問題，伝熱問題への展開

粒子法はまず流体の大変形問題に適用されましたが，現在では流体に特有な挙動，たとえば表面張力問題や固体との濡れ性の問題，また従来の手法では扱えなかった汚染の除去，攪拌問題や大規模なプラスチックの射出成型解析，あるいは鋳造解析など，より複雑な流体現象への応用研究が盛んにおこなわれています．また，流体解析のみならずより普遍的な解法となりうる可能性が明らかとなり，流体問題から固体問題，伝熱問題へと応用がひろがりました．米国では宇宙開発や軍事利用へ粒子法が適用され，たとえば，宇宙ステーションへの隕石衝突や核ミサイルの地中貫通問題などが研究されています．従来の有限要素法では固体の破壊，ことに貫通問題は扱いが難しく，粒子法のメッシュレス性や大変形問題への適性が認め

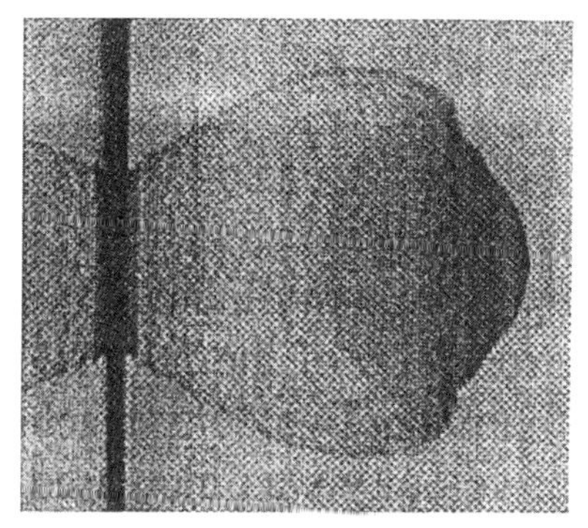

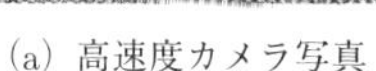

(a) 高速度カメラ写真

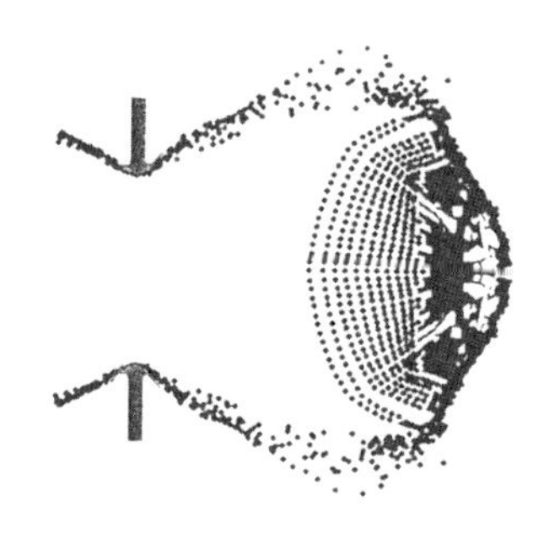

(b) 粒子法解析の結果

図 **1.6**　隕石衝突解析

られた結果でした.

図 1.6 は宇宙ステーションの外壁を貫通する隕石衝突を粒子法であつかった例[C. J. Hayhurst, R. A. Clegg and I. H. Livingstone 1996]ですが,流体問題と同様, 複雑に変化する固体破壊のダイナミックな挙動は粒子モデルによってはじめて表現可能となったといえます. その後, 粒子法の固体問題への応用は一般的な構造解析問題にひろがり, 現在, SPH 法は汎用 FEM (有限要素法)構造解析ソフト LS-DYNA にも解析機能の一部として実装されています. また熱伝導問題への拡張も 2000 年に入ってからおこなわれています. 熱伝導問題は, 前述した流体や固体のダイナミックな運動とは違って静的な問題が多いのですが, 粒子法のアルゴリズムは動的な場とともに静的な場に対しても有効です.

このように粒子法の用途はきわめて広いといえます. 固体, 流体, 伝熱問題のみならず電磁場解析などにも応用が可能です. また粉体挙動のような離散的問題にも離散要素法(Discrete Element Method, DEM)などと組み合わせて用いられています.

以上のように, 現在, 粒子法は水などの非圧縮粘性流体解析, ガスなどの圧縮性流体解析, 固体の弾塑性大変形解析, 熱伝導解析, 粉体解析などにあまねく応用されています.

他方で，計算時間がかかる，寸法(大きさ)の異なる粒子モデルの組み合わせ解析が難しい，粒子モデルは形状をもたないため物質境界があいまいになりやすいなどの問題点もあります．本書ではこれらの粒子法の持つ問題点もふくめて粒子法の本質がどこにあるのか，精度を含めて従来の解析手法とどのような関係を持つのか，粒子法をプログラム化するにはどうすれば良いのかなどを説明します．

2 差分法と粒子法

粒子法はこれまでの解析手法である有限要素法や差分法とは大きく異なります．要素や差分格子をベースとする解法を学んだ研究者にとって粒子モデルをもとに計算を進める粒子法は馴染みにくいかもしれません．また粒子法で用いられる概念，たとえば影響半径とか重み関数とは一体何なのか，粒子法では偏微分方程式をどのように解いていくのか，粒子法解析のためのデータはどのような形式なのかなど，粒子法を理解するためにはまずその基本を知らなければなりません．本章では粒子法の基本を差分法と比べながら考えてみます．

2.1　粒子法のあらまし

ここでは，差分法と比較しながら粒子法について説明します．このために，流体の大変形問題を例にとり，粒子法と差分法で解くことを考えます．図 2.1 は水柱の崩壊問題です．床上にある水柱が重力により自然崩壊していく過程は典型的な流体大変形問題といえます．図に示すように水柱は時々刻々変形しやがて床上を走り，そして左右の壁に衝突することになりますが，このような流体の大変形問題を表す運動方程式はナヴィエ–ストークス方程式(以下 NS 方程式と呼びます)です．

ここでは，図 2.2 (a)の差分格子モデルと，同図(b)の粒子モデルを，それぞれ用いて水柱崩壊の大変形時間歴を解くことを考えます．いずれの方法もある瞬間における計算点の流体速度を NS 方程式から求め，その時間

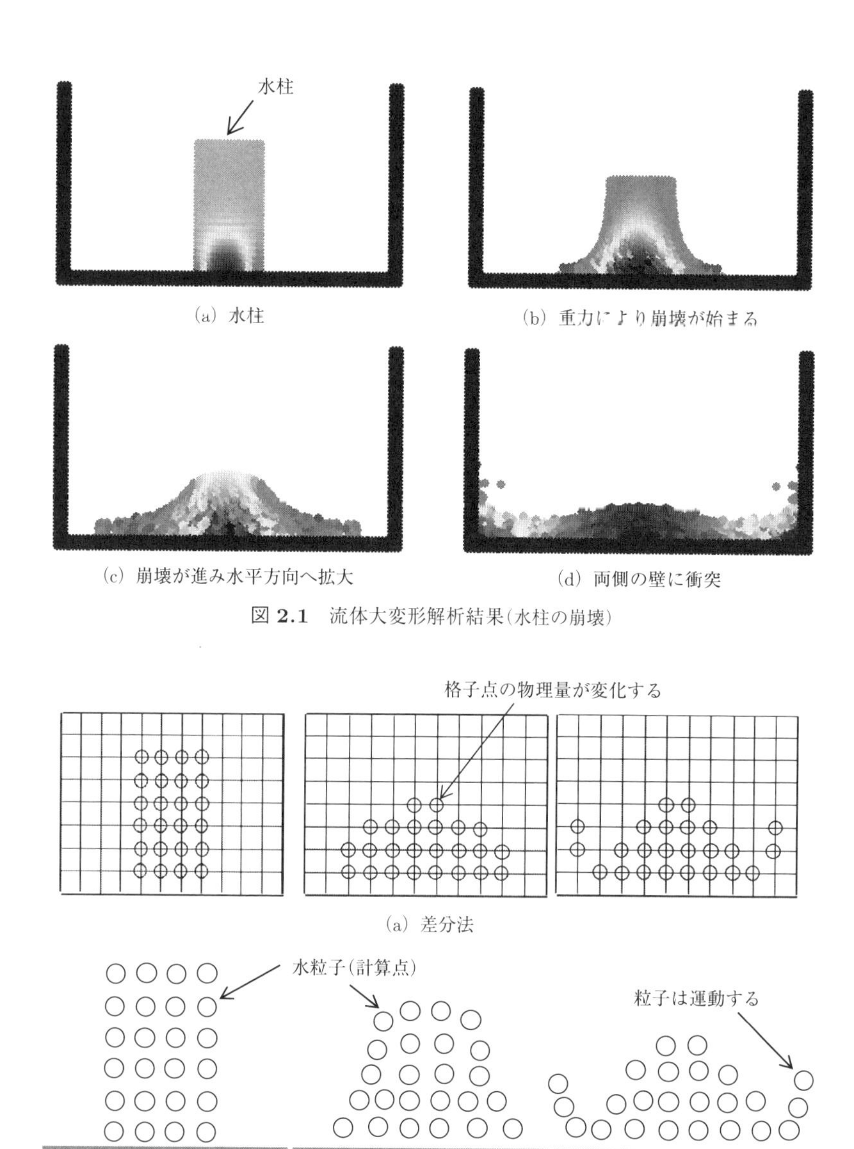

(a) 水柱

(b) 重力により崩壊が始まる

(c) 崩壊が進み水平方向へ拡大

(d) 両側の壁に衝突

図 **2.1** 流体大変形解析結果(水柱の崩壊)

(a) 差分法

(b) 粒子法

図 **2.2** 差分法と粒子法(左から右へ時間が経過)

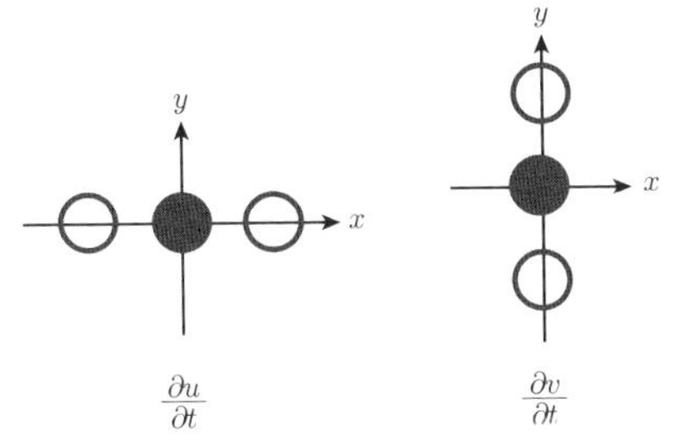

(a) 差分法(固定された点の物理量を両隣の点の物理量から求める)

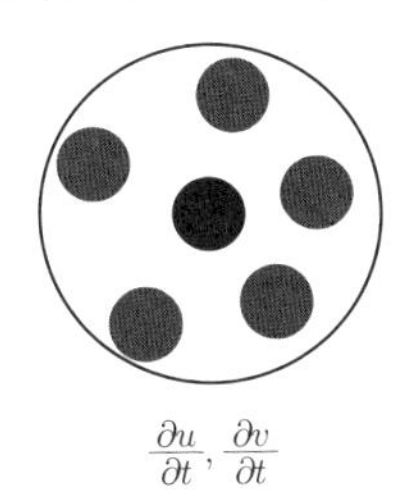

$\frac{\partial u}{\partial t}, \frac{\partial v}{\partial t}$

(b) 粒子法(動く粒子(中央の黒丸)の物理量をそれに近接する複数の粒子の物理量から求める)

図 **2.3**　計算点(固定された点，あるいは動く粒子での物理量を求める)

歴として水柱崩壊挙動を表すことができます．いずれの方法でも NS 方程式を解くことに変わりはありません．差分法の格子モデルは解析領域全体を矩形の格子で表しています．一方，粒子法ではこの問題を解くため粒子モデルを用います．すなわち，流体そのものを粒子の集合で表します．さらに，床，壁などを粒子の集合で表すことも普通行われます．

さて，x，y 方向の流体変位を u，v とすれば，それらの 1 階時間微分，2 階時間微分はそれぞれの方向の流体速度，流体加速度です．差分法(図 2.3 (a))では，ある計算点(格子点)の x，y 方向の流体速度や加速度を，それぞれ，x 軸，y 軸に沿った両隣の固定格子点の物理量から求めます．一方，粒子法では，NS 方程式を解くこのプロセスを図 2.3 (b)に示すように粒子自身を計算点としておこないます．すなわち，ある計算点(ある粒子)の x，y 方向の物理量をそれに近接する複数の粒子の物理量から求めます．

この作業を全ての計算点について行えば，ある瞬間における水柱崩壊挙動が求められます．また，この計算を時間経過に従ってステップバイステップに行えば，それぞれの手法において流体大変形の時間依存問題を解くことが可能です．このように差分法と粒子法とを比べた場合，NS 方程式をもとにすべての計算点においてその点の速度増分を求めそれをステップバイステップに行うことで流体挙動を求めるということでは同じであることがわかります．

しかし，両者には大きな相違点があります．差分法では固定した(動かない)格子点上の物理量の変化を求め，格子全体の物理量分布から流体大変形を表します．すなわち，ある解析領域について，与えられた境界条件と初期条件のもとで NS 方程式を解く解法とみなすことができます．一方，粒子法では，流体自身が質量と大きさをもつ多数の粒子としてモデル化されており，それらが相互作用をしながら運動を続け，全体としてひとつの流体大変形，たとえば水柱崩壊を示すことになります．すなわち，微小体の運動そのものを計算する手法であり，どちらかといえば質点同士の力学計算を行う物理計算に近いことがわかります．

さらに，粒子法の特徴として，移動するあるひとつの粒子の運動を解くときに，近接する粒子群の物理量を用いることです．このことを可能とするために粒子法では，影響半径，重み関数を用いた補間法などを使います．

2.2 粒子モデル

粒子法では，連続体問題を解くのに粒子モデルを用います．なお，連続体とは物質を巨視的にみる，あるいは，連続した物体とみる場合の概念のことです．鉄板やグラスの中の水のように，私たちの日常生活の中で目にする物質は連続体です．したがって，連続体力学問題とは，たとえば鉄板の変形であったり，グラスの中の水の動きであったり，日常生活のなかに存在する物質の様々な挙動・現象に関する力学的問題といえます．

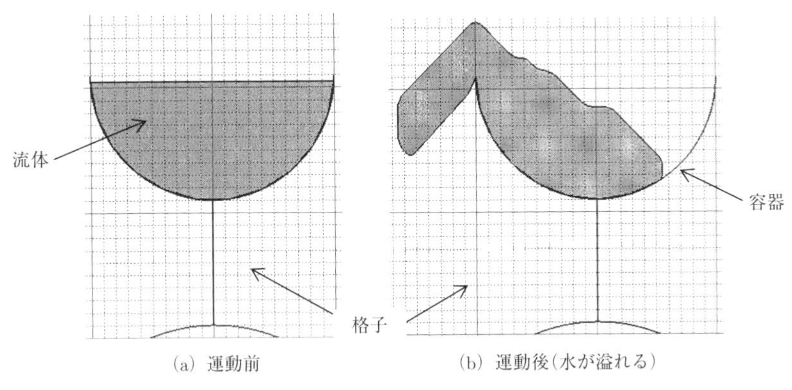

図 2.4 グラスの中の水が溢れる(格子を用いる差分法解析の場合)

さて，連続体力学問題の例としてグラスの中の水がグラスの揺動によって溢れ出す現象を考えてみましょう(図 2.4)．図のようにグラスの中には水があり，グラスが揺れると水がこぼれ出る問題を扱う場合，差分法や有限要素法では，この解析領域を格子あるいは要素で分割し，この領域を通過する流体を格子点，あるいは要素を用いて解くといった手法が使われます．このように流体や流路を格子や要素で表現して解く手法がこれまでの主流でした．

これに対して，計算モデルを別の概念で表現することも可能です．グラスのなかにある水を，質量をもった多数の粒子の集合体として表現する手法です．ここで粒子とは一定の質量をもった小さな水の塊と考えてよいでしょう．これを流体素片と呼ぶことにします．流体素片が集合して流体全体を形成し，1 つの流体素片が 1 粒子に対応します．

連続体力学の場ではこの 1 粒子は，偏微分方程式に従った運動をします．また，隣接する別の粒子も同様に運動します．つまり，グラスの中にある多数の水粒子について，それぞれ偏微分方程式を解けば，それぞれの運動が求められ，したがって全粒子についてこの方法を適用すれば，グラスの中の水の総体的な運動が求められることになります．これが粒子法の考え方です．

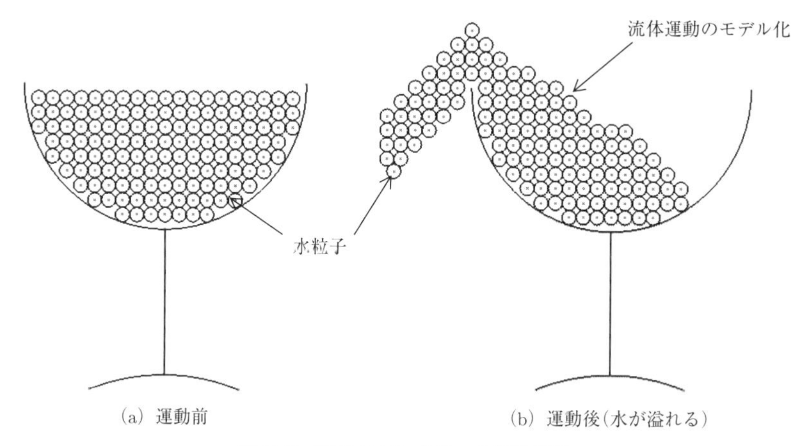

図 **2.5** 粒子モデルを用いる流体解析

ところで粒子モデルはひとつの仮想的なモデルであることも知っておく必要があります．たとえば図 2.5 では，グラスの中の水を水粒子の集合体として表現しています．その水粒子は，質量と寸法(大きさ)を有しています．しかしその形状はどうなのか，球状なのか，楕円状なのか，有限要素法などにみられる直方体形状なのか．結論は，粒子法で用いられる粒子モデルには具体的な形状はないということです．球状でもなく，直方体形状でもありません．粒子モデルは具体的な形状を持たない仮想的なモデルなのです．

図 2.5 を参考にして 3 次元問題を考えましょう．グラスの中には水粒子がありますが，水を球状の粒子としてモデル化しているわけではありません．グラスの中にある 100 cc の水を 1 cc の水粒子 100 個を用いて表現するとき，体積 1 cc ($1\ \mathrm{cm}^3$)の水粒子 100 個が集まっている流体と仮定します．この水粒子の寸法は 1 cm と定義しますが，これは直径 1 cm の球状の水粒子ということではありません．

図 2.5 を詳しく表したのが図 2.6 です．この図でも便宜的に球状で水粒子を表現していますが，球状に描かれた粒子の中心位置が計算点です．計算点がその水粒子の位置(x, y, z)であり，各粒子は質量を有しています．

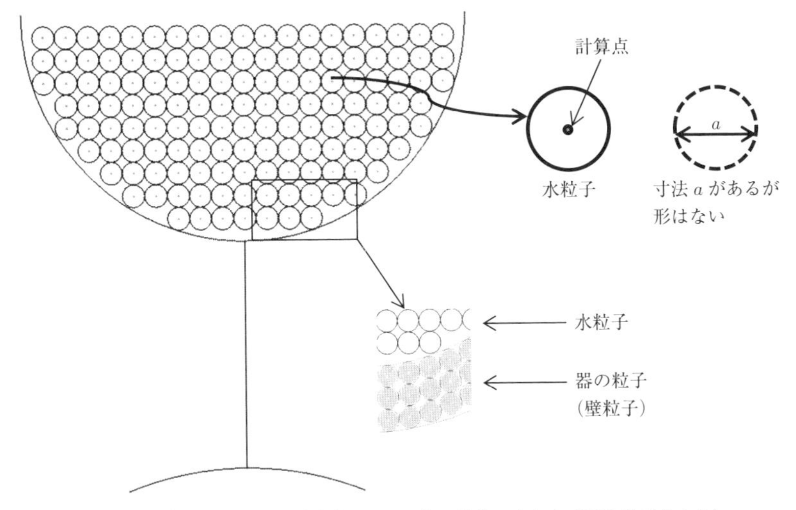

図 **2.6**　粒子モデル（物質素片のモデル化，流体のみならず壁も粒子化する）

粒子法の計算は運動方程式を解く作業が主ですが，この場合，この計算点に粒子の質量が集中しているとします．なお，粒子法計算モデルでは，流体とともに器（グラス）についても粒子化します．

水粒子と壁粒子間の境界は，この計算点間の距離をもとに定義されますが，このとき粒子寸法が必要です．寸法が 1 cm の粒子は計算点間の距離が 1 cm になれば接触しているとします．この場合，粒子の形状を決めておくと様々な不都合が生じます．たとえば，球状と仮定すれば流体モデルの中に無数の空間ができますし，直方体と仮定すれば粒子同士の接触判定が難しくなります．

したがって，粒子モデルは，具体的な形状はなく，質量と大きさを持った抽象的な存在でありその中心が計算点であるとします．この概念は，物理の力学計算における質点モデルと似ています（図 2.7）．物理計算の質点モデルは，大きさ（寸法）や形状は考えないで質量のみを有する微小な計算点という，粒子モデルよりもさらに抽象的なモデルです．物理計算で用いられる質点モデルとの類似性も粒子モデルの大きな特徴です．粒子法が連

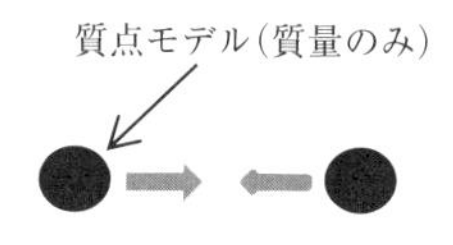

原子・分子の衝突解析

(a) 質点モデル(原子・分子場)

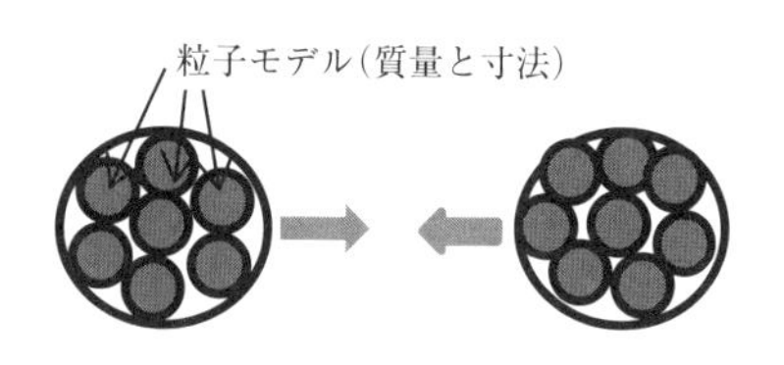

連続体の衝突解析

(b) 粒子モデル(連続体場)

図 **2.7**　質点モデルと粒子モデル

続体場の物理現象の解析に適性を持つのも，粒子モデルが質点モデルに近い概念でできていることが理由のひとつでしょう．

なお，解析において粒子の形状が問題となることはあまりありません．大変形の後，器を飛び出た流体を考えると，その流体全体の外部境界は一般にあいまいです．流体の総体的な運動を見たい場合には粒子の形状は厳密でなくてもよいといえます．ただし，厳密に自由表面の形状を求めたい場合には，粒子法の理論に基づいた境界定義を用いることになります．

なお，固体問題では粒子の形状が問題となることがあります．例えば，摩擦解析や接触問題に用いる場合には，境界の厳密な形が重要であるため，何らかの工夫が必要です．

2.3　粒子は偏微分方程式の計算点

偏微分方程式の代表的な近似解法のひとつである差分法では図 2.8 (a) のような固定された格子点において微分量などを求めます(オイラー的手法と呼ばれます)．一方，粒子法では，同図(b)のように移動する粒子の微分量などを求めます(ラグランジュ的手法と呼ばれます)．

粒子法で使用される粒子はそれ自体の物理量(質量，密度，変位，速度，温度など)をもちながら偏微分方程式に従って運動します(熱伝導問題のように物質運動がほとんどない場合は運動を無視してよい場合もあります)．たとえば，流体の場合は NS 方程式，熱伝導問題は熱伝導方程式，固体の

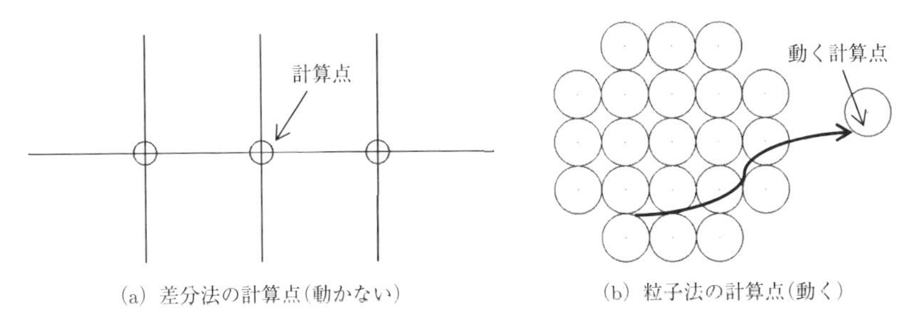

(a) 差分法の計算点(動かない)　(b) 粒子法の計算点(動く)

図 **2.8**　計算点

問題はニュートンの運動方程式をそれぞれ解きます．

これらの偏微分方程式は，一般に，1 階，2 階の空間微分項を含んでいます．各計算点(すなわち粒子中心)ではこれらの量を補間によって求め，もとの偏微分方程式に用いることにより各粒子の物理量を未知数とする連立一次方程式を得ます．それを時間に関してステップバイステップに解くことにより全粒子の挙動を求めます．

粒子は物理量の評価点であるとともに，それ自体が質量をもちながら運動します．ただし，寸法はあるが具体的な形状を持たない仮想的モデルであり，そのゆえに連続体問題の解析上有利な点もまた不利な点もあることを知っておく必要があります．

以上をまとめると，粒子法は，連続体場を物質素片(粒子)の集合体と考え，物質素片をモデル化した粒子によって連続体としての固体や流体の運動あるいは伝熱現象などを求める手法です．ここでは，個々の物質素片が連続体として運動するように，影響半径や重みの概念を導入します．粒子モデルは，物質素片をモデル化したものですが，質量と寸法を持つものの具体的な形を持たない，あくまでも仮想的なモデルです．この仮想的なモデルを用いることによって，物質の大変形挙動が求めやすくなり，流体大変形運動ばかりでなく，固体の微細物質場問題や物質相変化問題などにも解析可能性が広がります．

3
粒子法の理論(その1)

流体などにおけるきわめて大きな運動を解くことができる点が粒子法の特徴の一つです．では，なぜ粒子法によってそのようなことが可能となったのでしょうか．それを可能としたのが質量を持ちながら運動する粒子，すなわち粒子モデルの導入です．粒子モデルの導入によって，従来の手法では固定的関係(要素あるいは格子)によって束縛されていた連続体場の計算点が自由に動くことができるようになったことがその理由です．粒子法では，各粒子は連続体の運動方程式にしたがって，個別に運動します．ただし，連続体としての力学的関係は常に保たれるようにします．

3.1 影響半径

粒子法では，連続体としての運動を記述するために導入された影響半径という概念を用います．すなわち，各粒子に対して物理的な影響を及ぼす周辺の粒子をふくむ領域を，影響半径 R の円領域(2 次元の場合，図 3.1)あるいは球領域(3 次元の場合)で定義します．

影響半径内は連続体とみなされます．あるいは，影響半径内部にある複数粒子がひとつの局所的な連続体を形成していると仮定します．ここで，“影響半径内部にある”とは，“粒子の中心点が影響半径内部にある”ということです．固体や流体の問題でいえば，影響半径内の複数の粒子がひとつの連続体場を形成します．これら複数の粒子の物理量を用いて中心粒子の運動を求めます．

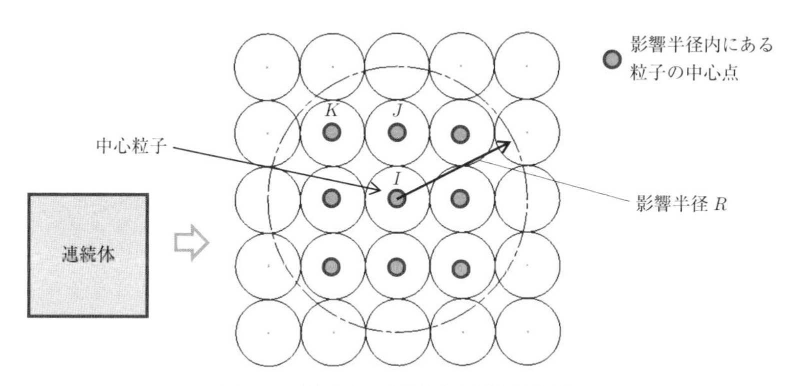

図 **3.1**　連続体の粒子化と影響半径概念

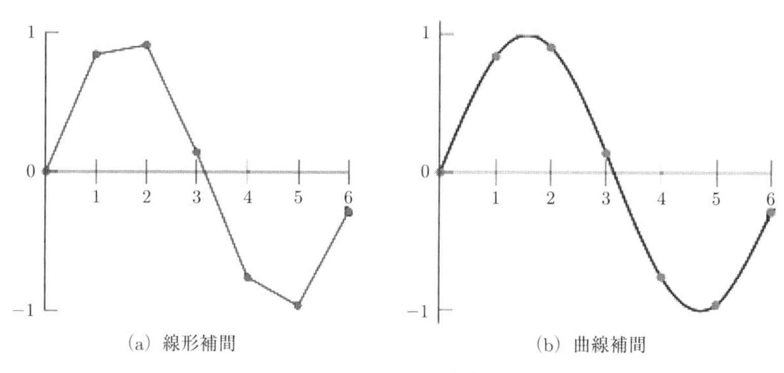

図 **3.2**　補間の概念

3.2　重み付き補間

図 3.2 のように，折れ線や曲線を用いて，とびとびの点(離散点)の間を連続化する手法を補間(interpolation)と呼びます．このように，補間とは，未知量を既知量から内挿によって求める操作のことです．

粒子法では，近傍粒子群の物理量から中心粒子(計算点)の運動などの物理量を決定しますが，このアルゴリズムも補間のひとつということができます(平均化とも呼ばれています)．

ここで，中心粒子(計算点)の物理量を補間や平均化によって決定する場

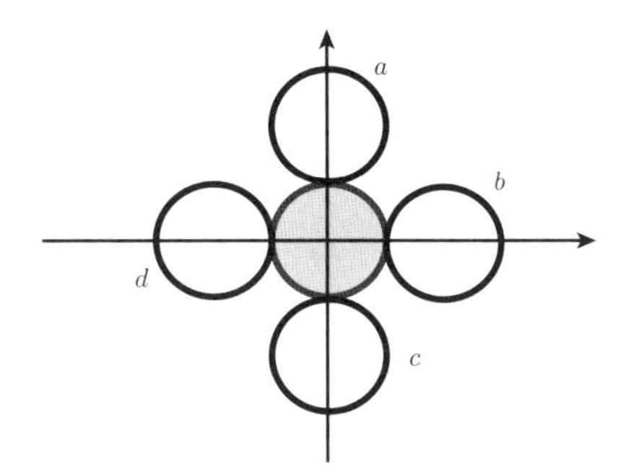

図 **3.3**　補間操作

合に中心粒子(計算点)そのものの物理量も近傍粒子群のひとつとして加味するのかという疑問が生じます．しかし，後述するように，実際の計算では，中心粒子(計算点)そのものの物理量は使わないことがわかります．

さて，図3.1において，粒子 J と K では中心粒子 I に対する影響の度合いが異なると考えられます．すなわち，中心粒子 I により近い J の方が距離の遠い K より I に対してより大きな影響を与えると考えられます．この影響の度合いを表すのが重みです．粒子法では重みをつけた補間操作を用います．

簡単な例を用いて重み付き補間について考えます．粒子法を離れ，以下は一般的な数値実験と考えて下さい．図3.3に示すように，中心粒子を取り囲むように4個の粒子 a，b，c，d が等間隔，等距離で存在し，これらはそれぞれ100，200，300，400という物理量を有しているとします．補間や平均化の考え方を適用すれば中心粒子の物理量は

$$T=\frac{100+200+300+400}{4}=250 \tag{3.1}$$

と求められます．上式を，

$$T=100\cdot\frac{1}{4}+200\cdot\frac{1}{4}+300\cdot\frac{1}{4}+400\cdot\frac{1}{4}=250 \tag{3.2}$$

のように表せば，中心粒子の物理量は一様な重み1/4で周辺の4粒子の

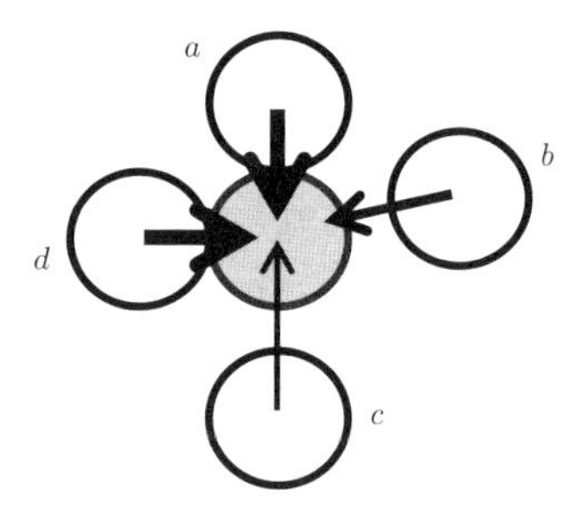

図 **3.4**　重みが均一でない補間

物理量から補間によって求められるとみなせます．ここで補間とは中心粒子の未知量を近傍粒子の既知量から求めることを言います．また，重み 1/4 は近傍粒子が中心粒子に及ぼす影響の度合い(寄与度)を意味しています．ここで，重みの総和は 1 であることに注意してください．

この例のように，全く等距離，等間隔で配置された 4 個の粒子の寄与度はすべて均等に 1/4 でしたが，これがランダムな距離，間隔で配置されているとすればそれぞれの寄与度(重み)は異なるはずです．

図 3.4 は重みが均一でない補間の例です．中心粒子に近接した粒子 a，d の寄与度とやや離れた位置にある粒子 b，c の寄与度が異なると考えられる場合です．すなわち，粒子 a，d の物理量の寄与が大きく，それに比べやや離れた粒子 b，さらに離れた粒子 c の寄与は相対的に小さくなると考えられます．

以上では，一般的な補間問題に関しての重みについて考察しました．粒子法における近傍粒子の寄与度の与え方はこの重みの考えを基礎としています．粒子法ではこの重み関数を使って物理量の補間をおこないます．たとえば，図 3.5 は粒子法で使用される重み関数の例でありスプライン(spline)曲線と呼ばれています．一般に重み関数は対称形でなめらかな曲線を使用します．曲線の形状がその位置における重みを表現しています．近傍粒子からの距離 x によって，中心粒子に影響する度合いがこの曲線から決定されます．

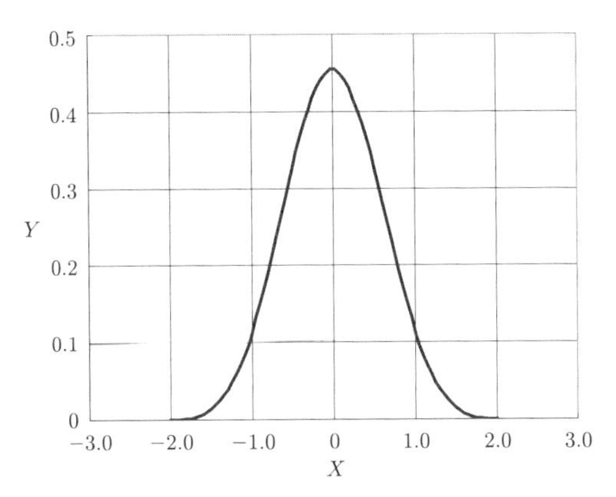

図 **3.5**　重み関数の例(スプライン関数)

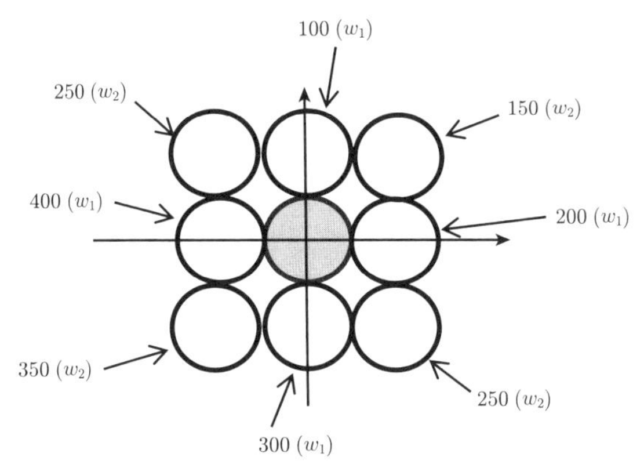

図 **3.6**　規則的にならんだ 9 粒子

補間の意味の理解を深めるために，図 3.3 の補間問題に戻ることにします.「ある中心粒子における物理量が不明で，それをとりかこむ 4 粒子の物理量がそれぞれ 100，200，300，400 であるとき，中心粒子の物理量は？」に対する答えは,「4 粒子の物理量の平均値，あるいは重みが 1/4 となる重み付き補間」でした．では，近傍粒子の数を増やして 8 個としてみましょう(図 3.6)．増やした近傍粒子の物理量はそれぞれ 150，250，350，250 とします．

このとき，中心粒子に近接する 4 粒子の重みを w_1，やや離れた 4 粒子

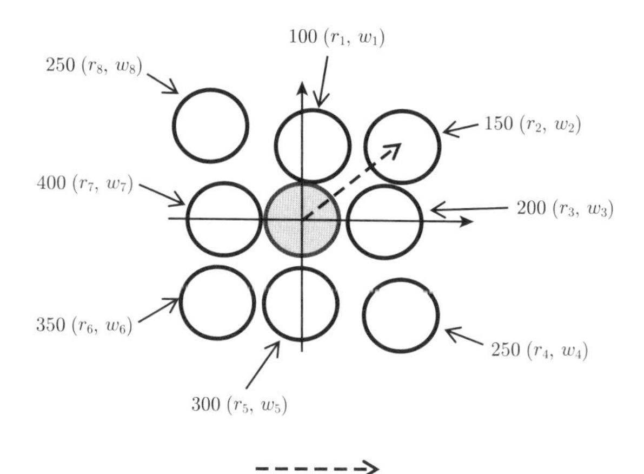

図 **3.7**　変形した 9 粒子

の重みを w_2 とします．w_1 と w_2 の距離の比は $1:\sqrt{2}$ ですから，重みは距離に反比例すると仮定すると，$w_2=1/\sqrt{2}\,w_1$ です．この場合も重みの総和は 1 です．以上より，重みはそれぞれ，$w_1=0.14645$，$w_2=0.10355$ です．この値を用いて，近傍 8 粒子の物理量から，中心粒子の物理量を補間すると，

$$
\begin{aligned}
T &= 100\times w_1+200\times w_1+300\times w_1+400\times w_1 \\
&\quad +150\times w_2+250\times w_2+350\times w_2+250\times w_2 = 250
\end{aligned}
\tag{3.3}
$$

このようにして，中心粒子の物理量が，近傍 4 粒子のときと同様に求まります．

次に，変形した近傍粒子群の物理量から中心粒子の物理量を補間によって求めてみます．図 3.7 は，中心粒子と近傍の 8 粒子($p_1\sim p_8$)との距離が $r_1\sim r_8$ に動いた状態を示します．重みは距離の関数ですから，$w_1\sim w_8$ と変化します．いま，重み関数としてスプライン関数を用いると，$w_1\sim w_8$ は，表 3.1 のように与えられます．

表 3.1 に与えられた近傍粒子の重みと物理量を用いて中心粒子の物理量

表 **3.1**　各粒子の中心粒子からの距離，重み，物理量

粒子	r(距離)	w(重み)	T(物理量)
p_1	1.00	0.296648	100
p_2	1.60	0.018985	150
p_3	1.10	0.216256	200
p_4	1.90	0.0002966	250
p_5	1.20	0.151883	300
p_6	1.60	0.018985	350
p_7	1.00	0.296648	400
p_8	1.90	0.0002966	250

T を求めるとすれば，

$$T = 100\times w_1+200\times w_3+300\times w_5+400\times w_7 \\ +150\times w_2+250\times w_4+350\times w_6+250\times w_8 \fallingdotseq 246.8 \tag{3.4}$$

となり，式(3.3)の 250 と比べて若干の差があることがわかります．この差は，正方形の連続体である図 3.6 が図 3.7 のように変形したとき，中心の補間値はもとの 250 から約 247 に変化すると解釈されます．

以上では，「近傍の物理量に重みを付けて総和することにより知りたい点の物理量を求める」という重み付き補間法の考え方を述べました．いま，この 9 粒子を含む領域を円で囲み，その円の半径を影響半径と呼べば，これはそのまま粒子法のモデルになります．

固体の大変形や流体では，粒子群の位置が時間とともに大きく変動します．図 3.8 は大変形が生じた粒子群を表しており，固体と考えても流体と考えても構いませんが，粒子群の形が大きく移動しています．粒子法では，このように大変形した後でも，原則として変形前の粒子場と同じ影響半径 R と重み関数を用いて中心粒子 I の物理量を求めます．この場合，どのように大変形をしても，影響半径内部にいくつかの粒子が存在していれば，言い換えれば影響半径内部の複数の粒子によって連続体とみなせる場が形成できていれば計算が可能です．

なお，粒子群の複雑な運動とともに変形前の粒子群配置から大きく変形

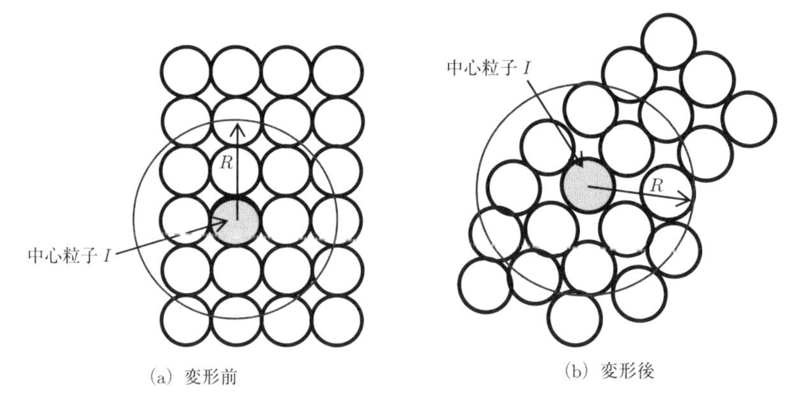

図 3.8　変形前後で同じ粒子半径 R を用いる

しますが，非圧縮性問題(非圧縮性流体，金属大変形など)では連続の条件から影響半径内の連続体は一定密度を保ち，結果として影響半径内の近傍粒子数は一定に保たれます．したがって，原則としては，変形が進む状態においても影響半径を変える必要はありません．なお，大変形が進み，流体の一部離散や固体内部に空洞が発生するような場合は近傍粒子数が減少し，結果として補間精度が低下するため，影響半径を基本の大きさから，その 1.5 倍や 2 倍に設定しなおすことがあります．

3.3　積分形と離散形

以上では，影響半径内に存在する各粒子の物理量に重みを掛け，その和を計算することによって中心粒子の物理量を求めました．この場合，計算はあくまでも離散的でした．ここでは，第 4 章へのステップとして，積分形(連続形)からスタートし，離散形との関係を考えます．

簡単のために 1 次元問題を想定します．ある物理量を表す関数を $T(x)$，重み関数を $W(x)$ とします(図 3.9)．次に，$x=0$ において定義された積分：

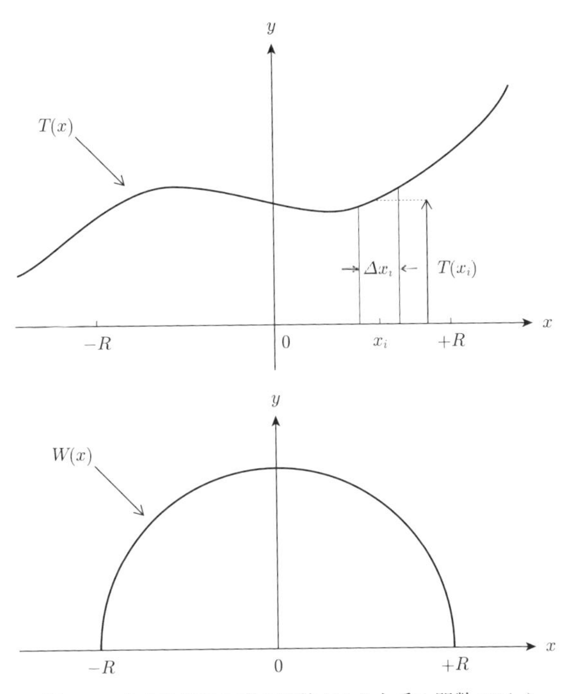

図 **3.9**　ある物理量を表す関数 $T(x)$ と重み関数 $W(x)$

$$g = \int_{-R}^{R} T(x)W(x)dx \tag{3.5}$$

を考えます．ここで，R は，2 次元，3 次元問題における影響半径に対応するものです．重み関数 $W(x)$ の形が変化することによって g と $T(x)$ がどのような関係になるか調べてみましょう．

【$\boldsymbol{W(x)}$ が幅 $\boldsymbol{2R}$ の矩形の場合(図 3.10)**】**

$W(x)$ が $-R<x<R$ において一定値であることから，式(3.5)は，

$$g = W\int_{-R}^{R} T(x)dx \tag{3.6}$$

です．ここで，g が，区間 $-R<x<R$ の範囲で $T(x)$ の平均値であると仮定すれば，明らかに，

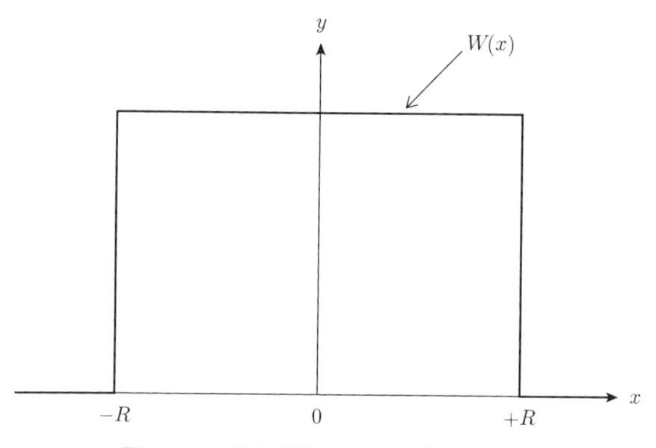

図 **3.10**　重み関数 $W(x)$ が矩形の場合

$$W = \frac{1}{2R} \tag{3.7}$$

です．従って，この場合，

$$\int_{-R}^{R} W dx = \int_{-R}^{R} \frac{1}{2R} dx = 1. \tag{3.8}$$

すなわち，重み関数 W を区間 $-R<x<R$ において積分するとその値は 1 であることがわかります．

【$W(x)$ が狭い幅 $2\delta(\delta \ll R)$ の矩形の場合（図 3.11）】

g が $-\delta<x<\delta$ における $T(x)$ の平均値であるとすれば，上と同じく，式(3.8)が成立します．ただし，R を δ に置き換えるものとします．また，$x=0$ の近傍で T が滑らかな関数であるとすれば，

$$g \approx T(x=0) \tag{3.9}$$

が成立します．さらに，δ がゼロに近づくと，

$$\lim_{\delta \to 0} g = T(x=0) \tag{3.10}$$

が成立します．この場合の $W(x)$ のことをディラックのデルタ関数と呼

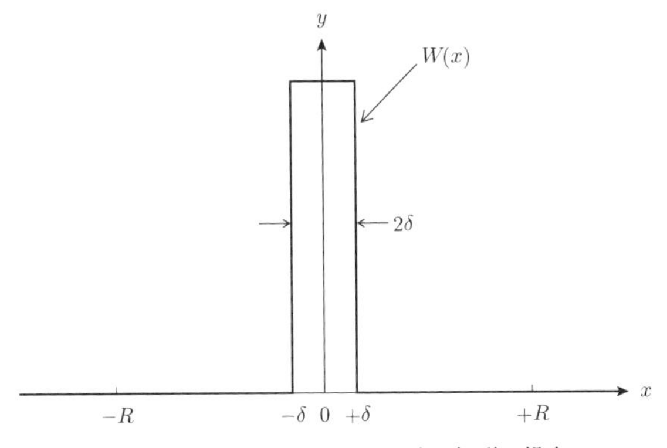

図 **3.11**　重み関数 $W(x)$ が狭い矩形の場合

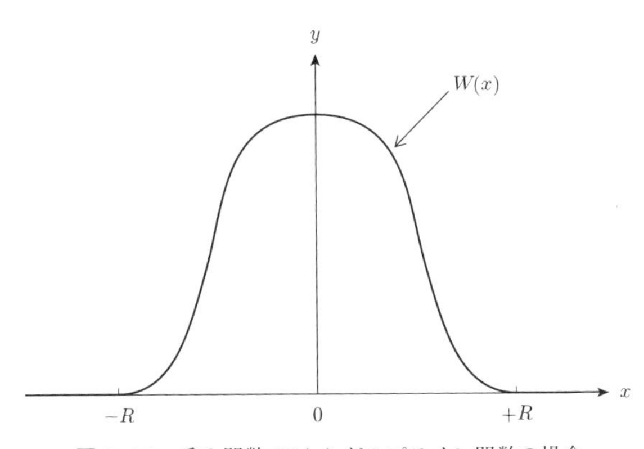

図 **3.12**　重み関数 $W(x)$ がスプライン関数の場合

びます．

【$\boldsymbol{W(x)}$ がスプライン関数の場合(図 3.12，図 3.5)**】**

この場合，重み関数の形は，定性的に図 3.10 と図 3.11 の中間に位置することから，やはり，式(3.8)が成立すると考えられます．さらに，式(3.9)，すなわち

$$g \approx T(x{=}0) \tag{3.11}$$

も近似的に成立することが期待されます．式(3.5)，(3.11)から，

$$T(x=0) \approx \int_{-R}^{R} T(x)W(x)dx \tag{3.12}$$

となります．

さて，式(3.12)は積分形ですが，離散形では，

$$T(x=0) \approx \sum_{i=1}^{n} T(x_i)W(x_i)\Delta x_i \tag{3.13}$$

と表現することができます．ここで，Δx_i は，$-R<x<R$ の領域を n 区間に分割したときの $x=x_i$ における区間長です(図 3.9)．

2 次元場の離散式は，すでに，式(3.2)，(3.3)，(3.4)などで与えましたが，これらの式では，各粒子の大きさを 1 と仮定しているために，Δx_i が陽には含まれていないことに注意してください．

4

粒子法の理論(その2)

物理現象を記述する微分方程式には，時間微分項や空間微分項が含まれています．微分方程式を数値的に解くために，このような微分項を，解析領域の全計算点(粒子点など)において離散形で表します．ここでは，粒子法に特有な空間微分項の扱い方について説明します(詳細については，[P. W. Cleary and J. J. Monaghan 1999]，[R. A. Gingold and J. J. Monaghan 1977]，[M. Jubelgas, V. Springel and K. Dolag 2004]，[G. R. Liu and M. B. Liu 2005]，[J. W. Swegle, S. W. Attaway, M. W. Heinstein, F. J. Mello and D. L. Hicks 1994]を参照)．

4.1 偏微分方程式の空間微分項

簡単のために定常の NS 方程式を考えます．p を圧力，$\boldsymbol{u}$ を流速，ρ を密度，ν を動粘性係数，$\boldsymbol{f}$ を外力としたとき，ラグランジュ表示の定常 NS 方程式：

$$-\frac{1}{\rho}\nabla p+\nu\nabla^2\boldsymbol{u}+\boldsymbol{f}=0 \tag{4.1}$$

には，圧力 p (スカラー量)に対する 1 階空間微分項(グラジエント)と流速 $\boldsymbol{u}$ (ベクトル量)に対する 2 階空間微分項(ラプラシアン)が含まれています．また，T を温度，k を熱伝導率，ρ を密度，c を比熱としたときの定常熱伝導方程式：

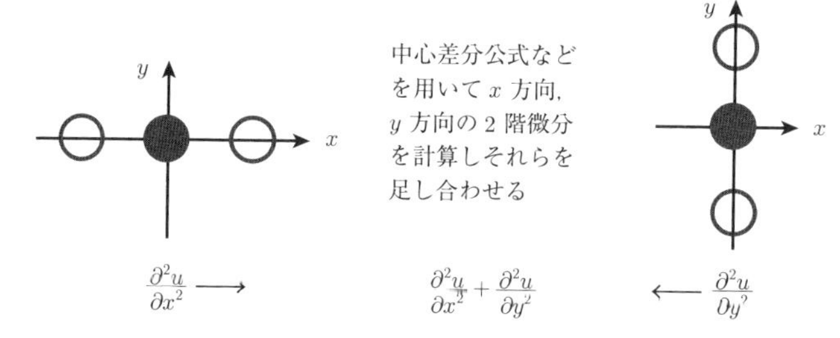

図 **4.1**　差分法でラプラシアンの離散式を求める

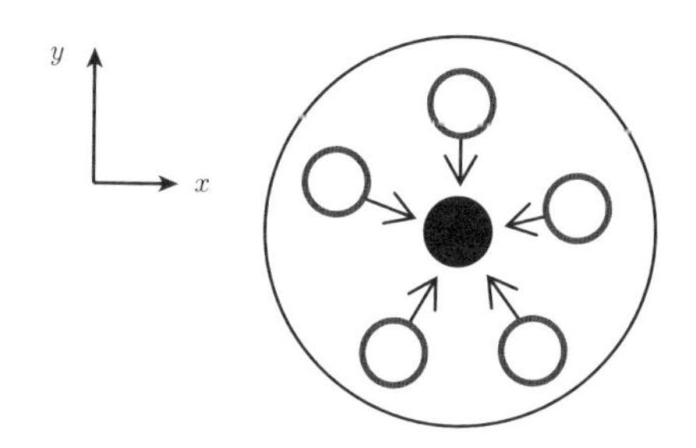

図 **4.2**　粒子法でラプラシアンの離散式を求める

$$\kappa\nabla^2 T = 0,\quad ただし\,\kappa = \frac{k}{c\rho} \tag{4.2}$$

には，温度 T（スカラー量）に対する 2 階空間微分項（ラプラシアン）が含まれています．このように，連続体場の物理現象を表す偏微分方程式には，グラジエント，ラプラシアン，さらに，ダイバージェンスやローテーションと呼ばれるスカラー量，ベクトル量，テンソル量の微分が含まれています（付録：場の演算子を参照）．

差分法では，これらの項を，差分格子を用いた公式で離散式に変換します（例えば，[矢川元基，関東康祐，奥田洋司 2005]）．具体例として，2 次元場のラプラシアン：$\dfrac{\partial^2 u}{\partial x^2}+\dfrac{\partial^2 u}{\partial y^2}$ は，図 4.1 に示すように，それぞれ，x 軸方向と y 軸方向で定義された差分公式をもとに離散式に変換されます．具体的には，$\dfrac{\partial^2 u}{\partial x^2}$ は，左図において中心点（黒丸）とその左右にある 2 つの近傍点(白丸)の物理量 u を用いて離散式が直接求められます．

一方，粒子法では影響半径内にある近傍粒子群(白丸)の物理量から中心粒子(黒丸)のラプラシアンに対する離散式を求めます(図 4.2)．

4.2　1 階空間微分の離散式

偏微分方程式に現れる 1 階空間微分としては，流れ強さ(ベクトル場のダイバージェンス)，圧力勾配(スカラー場のグラジエント)などがあります．ここでは，これら微分量の離散式を導きます．

ベクトル量の 1 階空間微分(ダイバージェンス)

まず，3 次元ベクトル量 $\boldsymbol{f}(\boldsymbol{x})$ の 1 階空間微分(ダイバージェンス)に関する公式を導きます．まず，式(3.12)において $T(x)$ をそのまま $\nabla\cdot\boldsymbol{f}(\boldsymbol{x}')$ に置き換えます(3.3 節では，1 次元問題を扱いましたがここではそれを 3 次元問題に拡張します)．なお，式(3.12)では 1 次元の座標点 $x{=}0$ を中心点としましたが，ここでは 3 次元座標の任意の点 $\boldsymbol{x}$ が中心点となっています．また，式(3.12)における 1 次元座標 x の代わりにここでは 3 次元座標としての $\boldsymbol{x}'$ を用います．Ω は 3 次元積分領域であり，重み関数 $W(\boldsymbol{x}-\boldsymbol{x}')$ が定義される領域と一致させます．このようにすることによって，ある物理量(ベクトル) $\boldsymbol{f}(\boldsymbol{x})$ のダイバージェンス(1 階空間微分) $\nabla\cdot\boldsymbol{f}(\boldsymbol{x})$ が次式で表現されます：

$$\nabla\cdot\boldsymbol{f}(\boldsymbol{x}) = \int_{\Omega} \nabla\cdot\boldsymbol{f}(\boldsymbol{x}')W(\boldsymbol{x}-\boldsymbol{x}')d\boldsymbol{x}'. \tag{4.3}$$

ここで，$\nabla W(\boldsymbol{x}-\boldsymbol{x}')$ をスカラー量である重み関数 $W(\boldsymbol{x}-\boldsymbol{x}')$ のグラジエントとして，微分和の公式：

$$\nabla\cdot\boldsymbol{f}(\boldsymbol{x}')W(\boldsymbol{x}-\boldsymbol{x}') = \nabla\cdot(\boldsymbol{f}(\boldsymbol{x}')W(\boldsymbol{x}-\boldsymbol{x}'))-\boldsymbol{f}(\boldsymbol{x}')\cdot\nabla W(\boldsymbol{x}-\boldsymbol{x}') \tag{4.4}$$

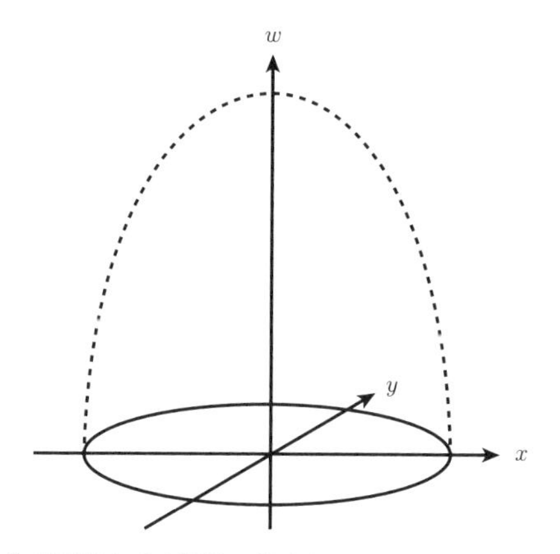

図 **4.3**　2 次元問題の重み関数の概念(円周上とその外側ではゼロとなる)

を用います．式(4.4)を式(4.3)の右辺に代入すると，

$$\nabla\cdot\boldsymbol{f}(\boldsymbol{x}) = \int_\Omega \nabla\cdot(\boldsymbol{f}(\boldsymbol{x}')W(\boldsymbol{x}-\boldsymbol{x}'))d\boldsymbol{x}' - \int_\Omega \boldsymbol{f}(\boldsymbol{x}')\cdot\nabla W(\boldsymbol{x}-\boldsymbol{x}')d\boldsymbol{x}'. \tag{4.5}$$

次に，ガウスの発散定理(付録：ガウスの定理とグリーンの定理)を用いると，式(4.5)の右辺第 1 項は体積積分から面積積分に変換されるため，

$$\nabla\cdot\boldsymbol{f}(\boldsymbol{x}) = \int_S \boldsymbol{f}(\boldsymbol{x}')W(\boldsymbol{x}-\boldsymbol{x}')\cdot\boldsymbol{n}dS - \int_\Omega \boldsymbol{f}(\boldsymbol{x}')\cdot\nabla W(\boldsymbol{x}-\boldsymbol{x}')d\boldsymbol{x}' \tag{4.6}$$

となります．ここで，S は領域 Ω の境界面，$\boldsymbol{n}$ は境界面垂直方向の単位法線ベクトルです．

図 4.3 は，2 次元問題における重み関数(スプライン関数など)の概念図です．図のように，2 次元問題の重み関数は，影響半径 R の円領域内部において釣鐘形状の関数によって定義され，半径 R の円周上とその外側ではゼロです．同様に，3 次元問題では，球領域内部において定義され，球上とその外側では重み関数がゼロです．すなわち，式(4.6)の右辺第 1 項は無視できることになります．ただし，物体の境界と重み関数の定義領域が重なる場合は別の処理が必要です．

以上より，領域の境界近傍を除けば，式(4.6)は，

$$\nabla\cdot\boldsymbol{f}(\boldsymbol{x}) = -\int_\Omega \boldsymbol{f}(\boldsymbol{x}')\cdot\nabla W(\boldsymbol{x}-\boldsymbol{x}')d\boldsymbol{x}' \tag{4.7}$$

と記述できます．式(4.7)によって，ベクトル量 $\boldsymbol{f}(\boldsymbol{x})$ の 1 階空間微分(ダイバージェンス)を表現することができます．

スカラー量の 1 階空間微分(グラジエント)

式(4.3)からの類推によって，ある物理量(スカラー量) $f(\boldsymbol{x})$ の 1 階空間微分(グラジエント)は，

$$\nabla f(\boldsymbol{x}) = \int_\Omega \nabla f(\boldsymbol{x}')W(\boldsymbol{x}-\boldsymbol{x}')d\boldsymbol{x}' \tag{4.8}$$

と記述できます．その後は，式(4.4)～(4.6)と同様な手順を用います．ただし，ガウスの発散定理の代わりに，ここでは，勾配定理(付録：ガウスの定理とグリーンの定理)：

$$\int_\Omega \nabla(f(\boldsymbol{x}')W(\boldsymbol{x}-\boldsymbol{x}'))d\boldsymbol{x}' = \int_S f(\boldsymbol{x}')W(\boldsymbol{x}-\boldsymbol{x}')\boldsymbol{n}dS \tag{4.9}$$

を用います．最終的に，積分式が次のように求められます：

$$\nabla f(\boldsymbol{x}) = -\int_\Omega f(\boldsymbol{x}')\nabla W(\boldsymbol{x}-\boldsymbol{x}')d\boldsymbol{x}'. \tag{4.10}$$

式(4.10)は，スカラー量 $f(\boldsymbol{x})$ の 1 階空間微分(グラジエント)を表現する式です．

テンソル量の 1 階空間微分(ダイバージェンス)

ある物理量(テンソル量) $\boldsymbol{f}(\boldsymbol{x})$ についても，同様にして，

$$\nabla\cdot\boldsymbol{f}(\boldsymbol{x}) = -\int_\Omega \boldsymbol{f}(\boldsymbol{x}')\cdot\nabla W(\boldsymbol{x}-\boldsymbol{x}')d\boldsymbol{x}'. \tag{4.11}$$

これは，テンソル量 $\boldsymbol{f}(\boldsymbol{x})$ のダイバージェンスを表す式です．

積分式から離散式へ

粒子法では，例えば，図 3.3 に示したように，連続体を粒子化し，中心粒子 I の物理量 $\boldsymbol{f}(\boldsymbol{x}^I)$ を近傍に存在している複数個の粒子 J を用いて補間します．いま，体積が ΔV^J，密度が ρ^J，質量が m^J である粒子 J に着目すると次式が成立します：

$$m^J = \Delta V^J \rho^J. \tag{4.12}$$

次に，3.3 節で述べたように積分式を離散式に変換します．これは，近傍の複数個の粒子 J の物理量(離散量)の総和を求めることに相当します．式(3.12)，(3.13)に式(4.12)を用いると，

$$\begin{aligned}
\boldsymbol{f}(\boldsymbol{x}^I) &= \int_\Omega \boldsymbol{f}(\boldsymbol{x}')W(\boldsymbol{x}-\boldsymbol{x}')d\boldsymbol{x}' \\
&\approx \sum_{J=1}^{N} \boldsymbol{f}(\boldsymbol{x}^J)W(\boldsymbol{x}-\boldsymbol{x}')\Delta V^J \\
&= \sum_{J=1}^{N} \boldsymbol{f}(\boldsymbol{x}^J)W(\boldsymbol{x}-\boldsymbol{x}')\frac{1}{\rho^J}(\rho^J \Delta V^J) \\
&= \sum_{J=1}^{N} \boldsymbol{f}(\boldsymbol{x}^J)W(\boldsymbol{x}-\boldsymbol{x}')\frac{1}{\rho^J}(m^J).
\end{aligned} \tag{4.13}$$

すなわち，

$$\boldsymbol{f}(\boldsymbol{x}^I) = \sum_{J=1}^{N} \frac{m^J}{\rho^J} \boldsymbol{f}(\boldsymbol{x}^J)W(\boldsymbol{x}-\boldsymbol{x}') \tag{4.14}$$

という離散式が得られます．この式は，中心粒子 I のある物理量 $\boldsymbol{f}(\boldsymbol{x}^I)$ は，近傍粒子 J における重み関数の値，近傍粒子 J の物理量 $\boldsymbol{f}(\boldsymbol{x}^J)$，密度 ρ^J，質量 m^J の和として近似的に求められることを意味します．

一方，式(4.7)，(4.10)，(4.11)は，「ある点 $\boldsymbol{x}$ における物理量 $\boldsymbol{f}(\boldsymbol{x})$ の 1 階空間微分であるダイバージェンスやグラジエントは，近傍点 $\boldsymbol{x}'$ における $\boldsymbol{f}(\boldsymbol{x})$ の値に重み関数の 1 階空間微分(グラジエント)を掛けた値の総和(積分値)にマイナス記号をつけたものである」と解釈できます．これらの式も積分形で表されているため，このままでは数値的に扱えません．し

かし，前章の例で見たように，近傍粒子に物理量が与えられれば，中心粒子の物理量が計算できます．

そこで，式(4.13)，(4.14)を参考にして，式(4.7)，(4.10)，(4.11)から，それぞれの離散式を以下のように近似的に表します．

$$\nabla\cdot\boldsymbol{f}(\boldsymbol{x}^I) = -\sum_{J=1}^{N} \frac{m^J}{\rho^J}\boldsymbol{f}(\boldsymbol{x}^J)\cdot\nabla_I W_{IJ}, \tag{4.15}$$

$$\nabla f(\boldsymbol{x}^I) = -\sum_{J=1}^{N} \frac{m^J}{\rho^J} f(\boldsymbol{x}^J)\nabla_I W_{IJ}, \tag{4.16}$$

$$\nabla\cdot\boldsymbol{f}(\boldsymbol{x}^I) = -\sum_{J=1}^{N} \frac{m^J}{\rho^J}\boldsymbol{f}(\boldsymbol{x}^J)\cdot\nabla_I W_{IJ}. \tag{4.17}$$

なお，これらの式において，$\nabla_I W_{IJ}$ は，中心粒子 I に関する重み関数の近傍粒子 J における 1 階空間微分(グラジエント)を意味します．

式(4.15)～(4.17)の代わりに，

$$\nabla\cdot\boldsymbol{f}(\boldsymbol{x}^I) = \frac{1}{\rho^I}\sum_{J=1}^{N} m^J\big(\boldsymbol{f}(\boldsymbol{x}^I)-\boldsymbol{f}(\boldsymbol{x}^J)\big)\cdot\nabla_I W_{IJ}, \tag{4.18}$$

$$\nabla f(\boldsymbol{x}^I) = \frac{1}{\rho^I}\sum_{J=1}^{N} m^J\big(f(\boldsymbol{x}^I)-f(\boldsymbol{x}^J)\big)\nabla_I W_{IJ}, \tag{4.19}$$

$$\nabla\cdot\boldsymbol{f}(\boldsymbol{x}^I) = \frac{1}{\rho^I}\sum_{J=1}^{N} m^J(\boldsymbol{f}(\boldsymbol{x}^I)-\boldsymbol{f}(\boldsymbol{x}^J))\cdot\nabla_I W_{IJ}, \tag{4.20}$$

あるいは，

$$\nabla\cdot\boldsymbol{f}(\boldsymbol{x}^I) = -\rho^I\sum_{J=1}^{N} m^J\left(\frac{\boldsymbol{f}(\boldsymbol{x}^J)}{(\rho^J)^2}+\frac{\boldsymbol{f}(\boldsymbol{x}^I)}{(\rho^I)^2}\right)\cdot\nabla_I W_{IJ}, \tag{4.21}$$

$$\nabla f(\boldsymbol{x}^I) = -\rho^I\sum_{J=1}^{N} m^J\left(\frac{f(\boldsymbol{x}^J)}{(\rho^J)^2}+\frac{f(\boldsymbol{x}^I)}{(\rho^I)^2}\right)\nabla_I W_{IJ}, \tag{4.22}$$

$$\nabla\cdot\boldsymbol{f}(\boldsymbol{x}^I) = -\rho^I\sum_{J=1}^{N} m^J\left(\frac{\boldsymbol{f}(\boldsymbol{x}^J)}{(\rho^J)^2}+\frac{\boldsymbol{f}(\boldsymbol{x}^I)}{(\rho^I)^2}\right)\cdot\nabla_I W_{IJ} \tag{4.23}$$

も用いられます．

離散式の具体的な使い方

これらの微分公式の具体的な使い方を，式(4.18)を例にとって説明します．この式の目的は，中心粒子 I におけるベクトル量 $\boldsymbol{f}(\boldsymbol{x})$ の 1 階空間微分(ダイバージェンス)を近傍粒子の物理量を用いて求めることです．I は中心粒子(評価点)，J はその近傍に隣接する粒子，$\boldsymbol{f}(\boldsymbol{x}^I)-\boldsymbol{f}(\boldsymbol{x}^J)$ は粒子 I，J のそれぞれの物理量 $\boldsymbol{f}(\boldsymbol{x})$ の差，m^J は粒子 J の質量，ρ^I は粒子 I の密度，N は影響半径内粒子の個数です．また，$\nabla_I W_{IJ}$ は重み関数の 1 階空間微分の粒子 J における量です．

したがって，同式は，「中心粒子 I の物理量と近傍粒子 J の物理量の差に重み関数の 1 階空間微分の粒子 J における値を掛け，それを影響半径内のすべての粒子について総和したあと粒子 I の密度で割れば，中心粒子 I の 1 階空間微分(ダイバージェンス)が求められる」ということを意味します．

4.3　2 階空間微分の離散式

2 階空間微分としてはラプラシアンがあります．ここでは，ラプラシアンに関する離散式を求めます．1 階空間微分の場合の式(4.3)などとの類推から

$$\nabla^2 f(x) = \int_\Omega \nabla^2 f(x')W(x-x')dx' \tag{4.24}$$

が得られます．一般に，$f(x)$ は，スカラー量またはベクトル量です．上式は，$f(x)$ がスカラー量の場合はスカラー量，ベクトル量の場合はベクトル量になります．この式を基礎としてラプラシアンの離散式を導出するのですが，ここでは結果のみを示します：

$$\nabla^2 f(x^I) = -2\sum_J \frac{m^J}{\rho^J}\frac{f(x^J)-f(x^I)}{|x^{IJ}|^2}x^{IJ}\nabla_I W_{IJ}. \tag{4.25}$$

ここで，x^{IJ} は粒子 I，J の x，y，z 座標成分の差，$|x^{IJ}|$ は粒子 I，J 間

の距離を表します．2 階空間微分に相当する式でありながら，重み関数の 1 階空間微分を用いて表されています．上式を用いることによって，粒子 I と近傍粒子の物理量の差，粒子の位置，重み関数の微分，粒子の質量，密度を用いて求めた値の影響半径内総和量として粒子 I のラプラシアンが計算できます．

5
固体解析の実際

粒子法は，プログラム作成法や解析データに関しても，有限要素法とは異なるいくつかの特徴があります．有限要素法では，要素の変位関数と重み付き残差法や変分法を用いて全体剛性方程式を作成し，それを解くことによって連続体の運動を求めます．特に，動的問題では，節点に関するマトリクス運動方程式を時間方向にステップバイステップに解いて，節点の加速度，速度，変位をそれぞれ計算します．続いて，変位-ひずみ関係式を用いてひずみを，応力-ひずみ関係式から応力を求めます．

一方，粒子法では，有限要素法のように全体を一度に解くのではなく，粒子ごとに粒子の加速度を求めます．加速度から速度，変位が求められ，その変位からひずみを，さらに応力を求めます．その応力は次のステップにおける各粒子の運動を決定することになります[J. W. Swegle, S. W. Attaway, M. W. Heinstein, F. J. Mello and D. L. Hicks 1994]．本章では固体の動弾性問題をとりあげ，粒子法プログラム作成の考え方，解析に使うデータ，いくつかの例題について述べます．なお，静弾性解析，弾塑性解析や粘弾性解析に対してもいくつかの工夫をすることによりほぼ同様の考え方が適用可能です．

5.1　1次元棒の動弾性解析

粒子法を用いて固体解析の典型である動弾性解析をどのようにして行うのか，まず簡単な例によって概観しておきましょう．ここでは，「長さ

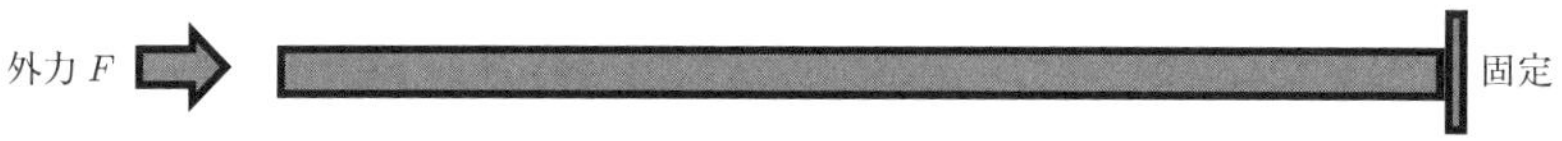

外力 F 固定

図 **5.1** 外力を受ける棒

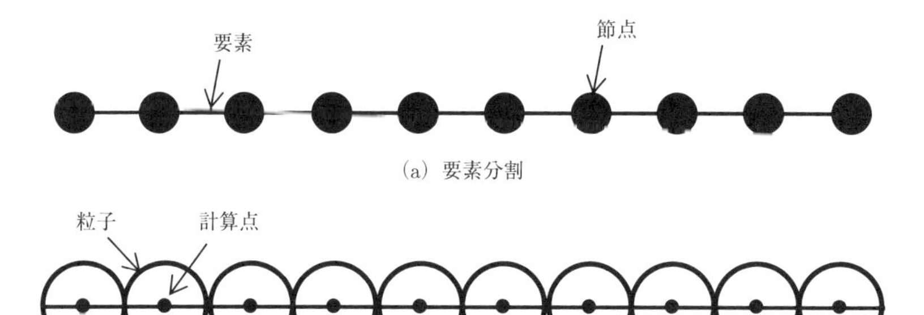

(a) 要素分割

(b) 粒子分割

図 **5.2** 要素分割と粒子分割

100 mm の棒の右端を固定し，左端に力 F を加えると，この棒はどのような伸縮運動をするか」という問題を考えます(図 5.1).

この問題を有限要素法で解く場合，図 5.2 (a)に示すように，棒をまず要素に分割します．粒子法でも図 5.2 (b)に示すように粒子の集合としてモデル化します．

棒を 10 分割でモデル化するとすれば，要素長さは 10 mm，また粒子直径は 10 mm です．有限要素法では要素と節点の関係を示すコネクティビティ(接続関係)を入力しますが，粒子法では，影響半径内部に存在する粒子を検索によって求めておきます(図 5.3)．図 5.3 の右図に示すように，粒子 I はその影響半径内部に粒子 J と K を持つという情報をデータ化します．

この操作は，近傍粒子検索と呼ばれ，粒子法特有のプロセスです．全粒子を対象とした検索をおこない近傍粒子を求める操作が基本となります．有限要素法では，コネクティビティ・データを用いて要素剛性マトリクスを作成しますが，粒子法ではこれに対応する操作はありません．すなわ

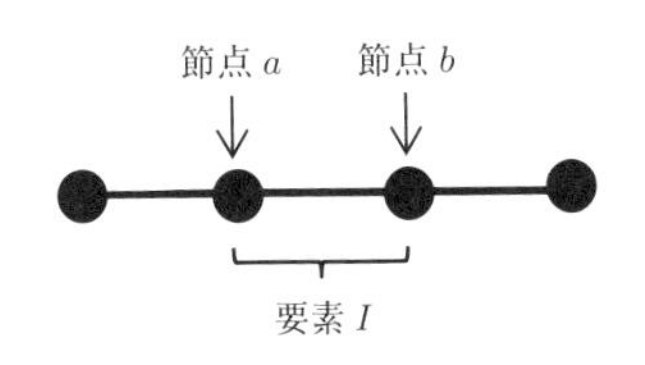

コネクティビティ
（要素 I の節点は a と b である）

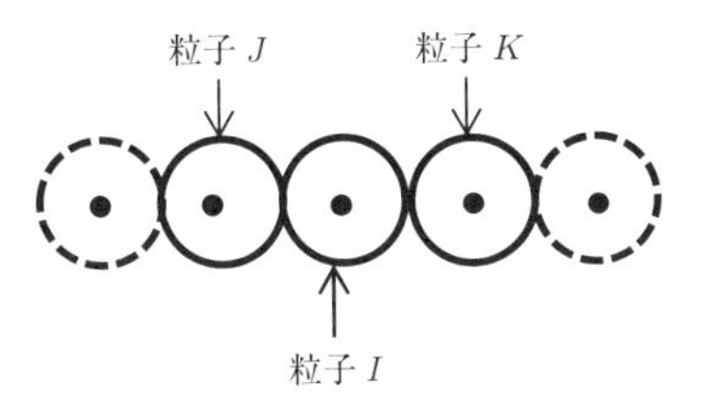

（粒子 I の影響半径内部に存在する粒子は J と K である）

図 5.3　コネクティビティ・データ（有限要素法）と近傍粒子データ（粒子法）

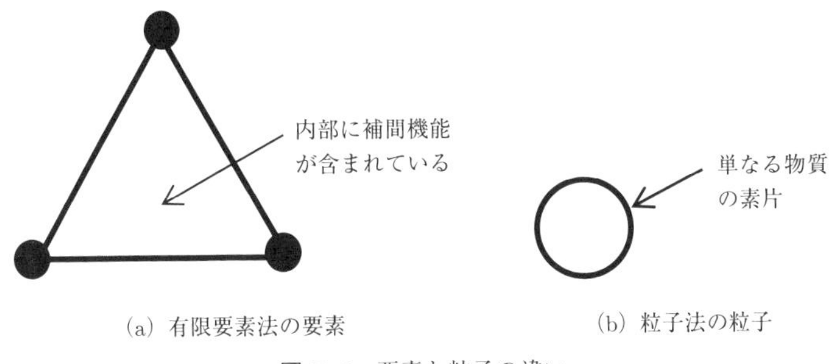

(a) 有限要素法の要素　　(b) 粒子法の粒子

図 5.4　要素と粒子の違い

ち，有限要素法の要素は内部に補間機能を持っており，この機能をもとに要素剛性を求め，すべての要素の要素剛性からなる運動方程式を作成してこれを解きますが，粒子法の粒子は内部にそのような機能を持たず，単なる物質の素片を表すのみであり，物質素片の運動をニュートンの力学法則から直接求めるという手法を採用しています（図 5.4）．

有限要素法では，図 5.5 (a)のように，要素ごとの剛性マトリクスから棒全体の運動方程式（式(5.1)）を作成し，境界条件，外力などをもとに，時間方向の差分法を用いるなどしてステップバイステップに解きます．

一方，粒子法では，ニュートンの運動法則をそのまま使用します．よく知られているように，質点の運動は，ニュートンの運動法則：

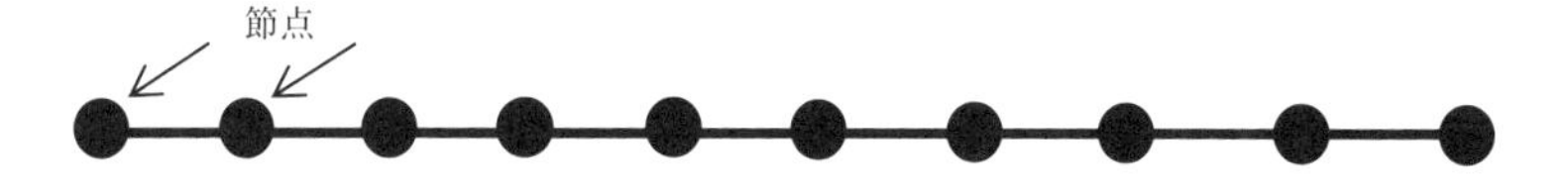

$$[M]\{\alpha\} + [K]\{d\} = \{F\} \tag{5.1}$$

$[M]$　質量マトリクス
$\{\alpha\}$　節点加速度ベクトル
$[K]$　全体剛性マトリクス
$\{d\}$　節点変位ベクトル
$\{F\}$　外力ベクトル

(a) 全節点に関する運動方程式(有限要素法)

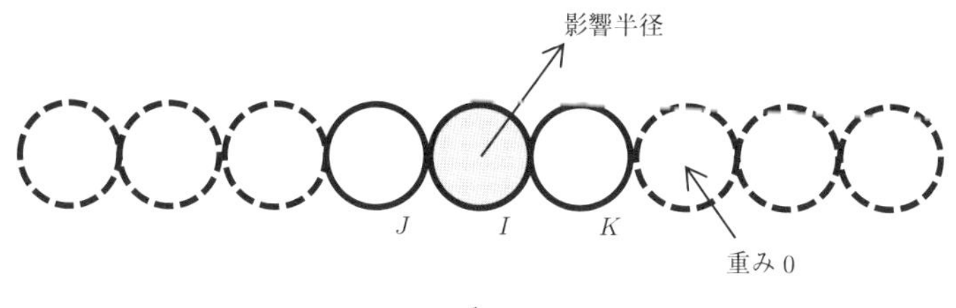

$$a_I = \frac{1}{\rho_I}\nabla \cdot \sigma \tag{5.2}$$

a_I　粒子 I の加速度
ρ_I　粒子 I の密度
$\nabla \cdot \sigma$　粒子 J, K による応力のダイバージェンス

(b) 粒子 I の運動方程式(粒子法)

図 5.5　有限要素法と粒子法による固体の運動方程式

$$m\boldsymbol{a} = \boldsymbol{f} \tag{5.3}$$

を用いて解くことができます．ただし，m は質点の質量，$\boldsymbol{a}$ は加速度，$\boldsymbol{f}$ は外力です．

簡単のために，一様な断面積 S，密度 ρ の棒の 1 次元応力場 $\sigma(x)$ をとりあげ，棒内部の微小長さ部分 Δx について考えてみましょう．この場合，微小長さ部分の左端の応力を $\sigma(x)$，右端の応力を $\sigma(x+\Delta x)$ とすれば，

$$\sigma(x+\Delta x) = \sigma(x)+\Delta\sigma$$

と書くことができます．また，

$$
\begin{aligned}
\text{微小長さ部分に働く応力} &= \text{右端の応力}-\text{左端の応力} \\
&= (\sigma(x)+\Delta\sigma)-\sigma(x) \\
&\fallingdotseq \Delta\sigma.
\end{aligned}
$$

ここで，

$$
\text{微小長さ部分に働く力 } f = \text{微小長さ部分に働く応力}\times\text{断面積} = \Delta\sigma\times S,
$$

$$
\text{微小長さ部分の質量 } m = \rho S\Delta x
$$

であることを考慮すると，式(5.3)から，

$$
\text{加速度 } a = f/m = (\Delta\sigma/\Delta x)/\rho = (\nabla\sigma)/\rho
$$

という関係が得られます．この式を 3 次元に拡張すると，連続体場の物質素片の加速度ベクトルは，

$$
\boldsymbol{a} = \frac{1}{\rho}\nabla\cdot\boldsymbol{\sigma}. \tag{5.4}
$$

ただし，$\nabla\cdot$ はダイバージェンス記号，ρ は密度，$\boldsymbol{\sigma}$ は応力テンソルです．図 5.5 (b)の式(5.2)はこのようにして導かれます．この式は，「連続体中の物質素片は，応力勾配に比例する加速度で運動する」ということを意味します．

以上のように，粒子法では，式(5.4)を用いて各粒子の加速度を計算します．この式が示すように，各粒子の加速度は，その位置における応力勾配により決定されます．各粒子の応力値がわかれば次の時間ステップにおける粒子加速度が，再び，式(5.4)から求められ，結果的に連続体全体の運動が次々に得られます．

なお，計算においては，粒子ごとに，直接，式(5.4)を用いますが，注目する粒子 I については，影響半径内部の粒子のみを考え，それ以外の粒子の影響は無視します．また，式(5.4)の右辺を求めるには，応力はテンソル量ですから，テンソル場のダイバージェンス公式である式(4.17)，

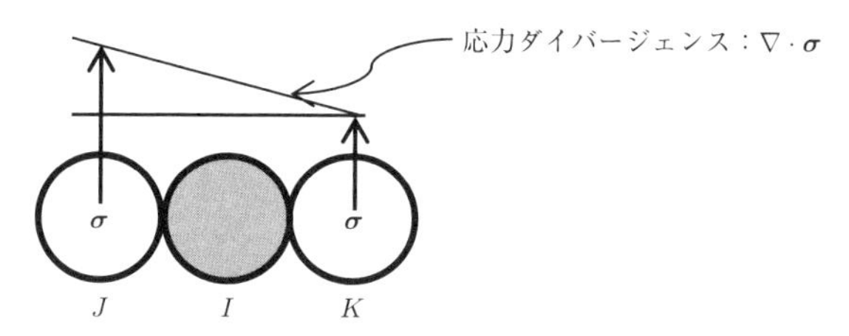

図 5.6　粒子 I の加速度を近傍の粒子の応力値から求める

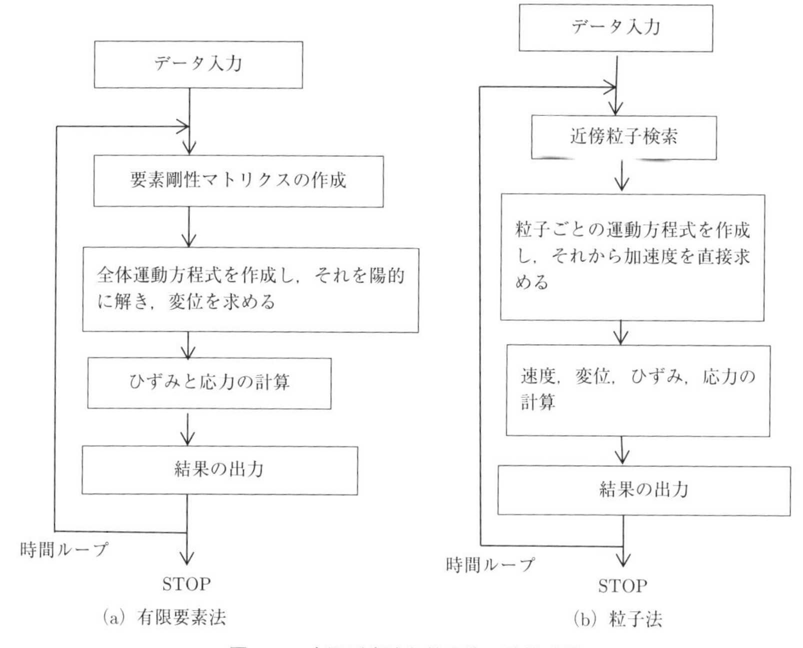

図 5.7　有限要素法と粒子法の計算手順

(4.20)あるいは(4.23)を用います(図 5.6).

なお，有限要素法では，節点座標，コネクティビティ，境界条件，棒の材料定数(ヤング率，ポアソン比，密度)を入力データとして用いますが，粒子法では，粒子座標，境界条件，材料定数を用います．両者の解析の流れを図 5.7 に示します．

有限要素法解析では，要素ごとの剛性マトリクスを作成し，境界条件を考慮して全節点変位に関する全体運動方程式を組み立て，時間方向の差分などを用いて運動方程式を解くとその時間の全節点変位が求まります．さらに，要素ごとに，節点の変位からひずみ・応力を求めます．このプロセスを1ステップとして必要な時間ステップ数だけ繰り返し計算を行います．

粒子法解析では，まず近傍粒子検索をおこない，影響半径内部の粒子リストを作成します．このリストを使ってニュートンの運動方程式である式(5.4)を粒子ごとに作成し，これを解いて，粒子ごとの加速度，速度，変位を求めます．次に，粒子の変位からひずみを，ひずみから応力を粒子ごとに求めます．このプロセスを有限要素法と同様に1ステップとして，必要なだけ繰り返し計算をおこないます．

粒子法では，粒子ごとに加速度，速度，変位が直接求められるので，特殊なマトリックス計算は必要ありません．すなわち，粒子法では，粒子ごとに運動が決定されるため，有限要素法に比べ理解しやすいといえます．なお，粒子法解析の流れの中で特に計算時間が大きくなるプロセスは近傍粒子検索であり，大規模な3次元問題では何らかの自動検索アルゴリズムを採用することが必要です．また，第4章で述べた微分公式を運動方程式の作成と応力・ひずみ計算において用います．

5.2　連続体の動弾性解析

2次元連続体の動弾性問題を粒子法で扱う場合のイメージを図5.8に示します．3次元問題でも基本的には同じです．まず，粒子検索により近傍粒子リストを作成します．弾性体は，境界に外力を受けると境界粒子が移動します．この粒子の移動は有限要素法の節点の変位に対応します．この移動によってひずみを生じます．この変位からひずみを計算するには第4章で述べた微分公式を用います．ひずみから各粒子の応力を，材料の応力-ひずみ関係式を用いて計算します．ここまでが最初のループ(第一ステ

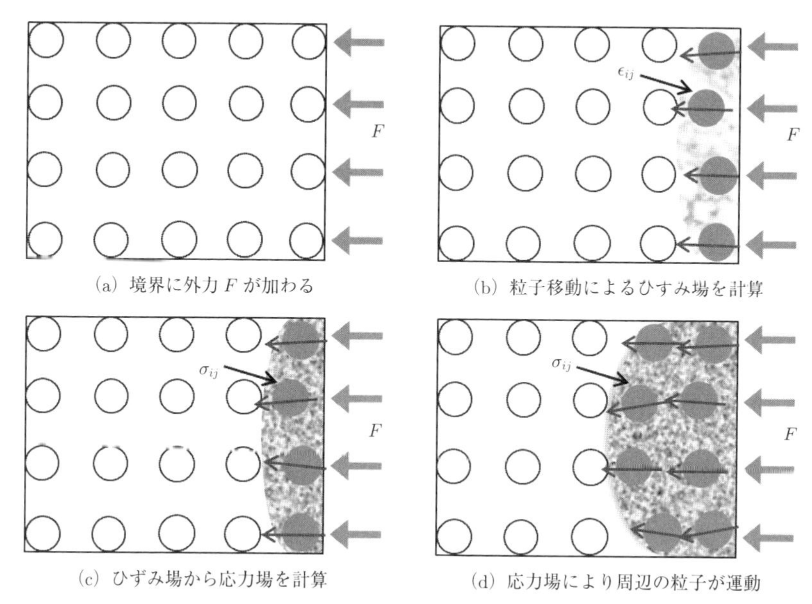

(a) 境界に外力 F が加わる　(b) 粒子移動によるひずみ場を計算

(c) ひずみ場から応力場を計算　(d) 応力場により周辺の粒子が運動

図 **5.8**　粒子法固体解析のイメージ

ップ)です.

つぎに，時間を Δt だけ進めて第二ステップの計算を行います．第二ステップでは，再び粒子検索をしたあと，あらためて近傍粒子リストを作成します(なお，微小変形問題では変形量が少ないため粒子の移動を考慮した粒子検索を毎回行う必要はなく，最初の 1 回のみで十分です)．更新された近傍粒子リストをもとに，各粒子の加速度を解きますが，前ステップでの応力場が次の運動の駆動力となっています．ひずみと応力も同様にして求められ，第二ステップは終了します．以後はこのプロセスが繰り返されます．形式的に第一ステップと第二ステップを分けて述べましたが，同様の手順を繰り返しているのみです.

このように，有限要素法と異なり，粒子法では連続体の運動をニュートンの力学法則に従って直接求めます．図 5.8 を参考にすると，動弾性解析を粒子法で行う場合の解析の流れは次の通りです.

① 連続体の境界に外力が付加される.
② 境界にある粒子は外力により移動する.
③ 粒子の移動は変位，ひずみ，応力を生じる.
④ 応力場は周辺の粒子の運動をひきおこし，その運動は連鎖的に他の粒子に伝播する.
⑤ すべての粒子の運動がこのようにして決まり，連続体全体の変形，応力状態が求められる.

5.3 固体解析プログラム作成のヒント

動弾性問題の粒子法プログラムでまず考慮すべきことは，解析において必要な物理量をどのように定義すればよいかです．この点についても有限要素法の知識が役立ちます．粒子の加速度，速度，変位，応力，ひずみなどは有限要素法のプログラムで用いる変数定義の方法を用いることができます．しかし，有限要素法と粒子法ではこれまで見てきたように方法にいくつかの相違点があり，それを考慮したうえでプログラム作成をおこなう必要があります．

図 5.9 に示すように有限要素法では，節点が，位置 (x, y, z)，速度，加速度の情報を，また，要素が，材料定数(密度，ヤング率，ポアソン比など)，応力，ひずみの情報を持ちます．一方，粒子法では，これらの諸量をすべて粒子が持ちます．

節点と要素を使い分ける有限要素法と異なり，粒子がすべての量を保持している粒子法はプログラム作成も容易です．図 5.7 に示した解析の流れを参考にしてプログラム作成のヒントを以下にまとめます[酒井譲，山下明彦 2001].

① 近傍粒子検索

近傍粒子検索は，影響半径内部にある粒子群を定めるために必要です.

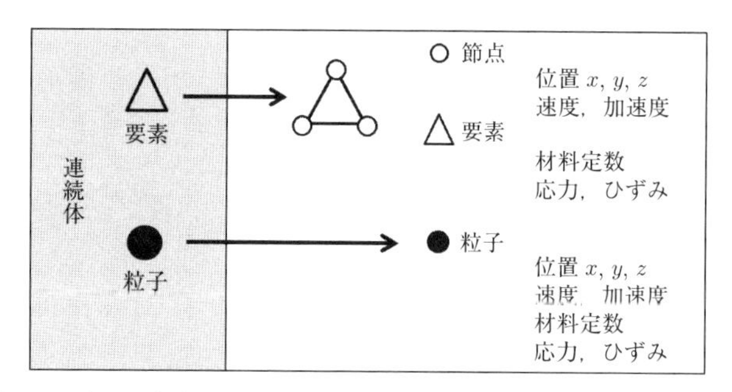

図 **5.9**　有限要素法(節点と要素)，粒子法(粒子)において定義される諸量

基本的には，注目する粒子ごとに，全粒子を対象に検索します．これは，単純な粒子間距離の判定であり，注目している粒子とそれ以外の粒子の距離を計算しその粒子が影響半径内部にあるか否かを決定するプロセスです．例えば，1 万個の粒子がある場合，1 万×1 万 回の距離計算をすることになり，計算時間が膨大です．そのために，効率の良い様々な検索アルゴリズムが開発されています．

② 運動方程式

式(5.4)を使って，粒子の加速度ベクトルを計算することがここでの課題です．この式の右辺は応力テンソルのダイバージェンスの形ですから，式(4.23)を用いることにします．式(4.23)で，$\boldsymbol{f}(\boldsymbol{x})$ を応力テンソルとおけば，粒子 I における応力のダイバージェンスが得られます．それを，式(5.4)に代入すると，粒子 I の加速度ベクトルを表す式：

$$a_i^I = -\sum_{J=1}^{N} m^J \sum_{j=1}^{3} \left[\left(\frac{\sigma_{ij}}{\rho^2} \right)^I + \left(\frac{\sigma_{ij}}{\rho^2} \right)^J + \Pi^{ij}\delta_{ij} \right] \frac{\partial W}{\partial x_j^J} \tag{5.5}$$

$$\delta_{ij} = 1 \ (i = j \text{ の場合}), \ = 0 \ (i \neq j \text{ の場合}) \tag{5.6}$$

が導かれます．ここで，J は近傍粒子，Π^{ij} は人工粘性項です．このように，粒子法の動弾性解析では計算の安定性向上のための人工粘性を運動方程式に付加するのが普通であり，問題ごとに試行錯誤で適切に決定してデータとして入力します．

粒子の加速度が求められると，粒子の速度 V_i^I と変位 x_i^I は，たとえば，次式によって計算されます．

$$V_i^{I,n+\frac{1}{2}} = V_i^{I,n-\frac{1}{2}} + \frac{1}{2}\left(\Delta t^{n+\frac{1}{2}} + \Delta t^{n-\frac{1}{2}}\right) a_i^{I,n}, \tag{5.7}$$

$$x_i^{I,n+1} = x_i^{I,n} + \Delta t^{n+\frac{1}{2}} V_i^{I,n+\frac{1}{2}}. \tag{5.8}$$

ここで，Δt は 1 ステップの時間増分，n は時間ステップです．これらの式の代わりに，

$$V_i^{I,n+1} = V_i^{I,n} + a_i^{I,n}\Delta t, \tag{5.9}$$

$$x_i^{I,n+1} = x_i^{I,n} + V_i^{I,n+1}\Delta t \tag{5.10}$$

なども利用できます．

③ ひずみと応力の計算

各粒子の変位からひずみを求めるには，

$$\epsilon_{ij} = \frac{1}{2}\left[\frac{\partial u_i}{\partial x_j} + \frac{\partial u_j}{\partial x_i}\right] \tag{5.11}$$

を用います．このように，ひずみ成分は変位成分の空間微分の和で与えられますから，式(4.19)の形を変えて適用します．すなわち，

$$\frac{\partial u_i^I}{\partial x_j} = \frac{1}{\rho^I}\sum_{J=1}^{N} m^J \left(u_i^I - u_i^J\right)\frac{\partial W(x-x^J)}{\partial x_j}. \tag{5.12}$$

式(5.11)と(5.12)から，中心粒子のひずみを求めます．応力計算には，応力-ひずみ関係式を用います．例えば，平面ひずみ問題では，

$$\boldsymbol{\sigma} = D^e \boldsymbol{\epsilon}. \tag{5.13}$$

ただし，

$$\boldsymbol{\sigma} = \left\{\sigma_x, \sigma_y, \tau_{xy}\right\}^T, \qquad \boldsymbol{\epsilon} = \left\{\epsilon_x, \epsilon_y, \gamma_{xy}\right\}^T, \tag{5.14}$$

$$D^e = \frac{E}{1+\nu}\begin{bmatrix} a & b & 0 \\ b & a & 0 \\ 0 & 0 & 1/2 \end{bmatrix}. \tag{5.15}$$

ここに,

$$a = \frac{1-\nu}{1-2\nu}, \qquad b = \frac{\nu}{1-2\nu}. \tag{5.16}$$

なお, E はヤング率, ν はポアソン比です.

5.4 解析データ

ここでは, 図 5.10 に示すような固体(平板)の動弾性問題を考えます. 平板の左端を固定し, 右端に速度あるいは荷重を与えるとすればこの平板は弾性変形します. その変形の様子は, 平板の物性値(ヤング率, ポアソン比, 密度)に依存します.

この問題を解くための入力データは次のとおりです.

① 解析条件データ：粒子寸法(mm), 影響半径(mm), 時間増分(sec), 総粒子数, 総解析ステップ数

平板を 1 mm サイズの粒子で解析するとします. ここでは, 影響半径は粒子寸法の 2 倍(標準値), 時間増分は 1.0×10^{-7} sec, 総粒子数は 3000 個, 総解析ステップ数は 500 ステップとします. 時間増分は粒子寸法と材料中の音速を参考にして決められます. 考え方は有限要素法と同様であり, クーラン条件が基本です. すなわち, 有限要素法や差分法などにおいて動的問題を扱う場合に, 時間増分は, 実際の波動が隣の要素や格子に到達するまでの時間よりも小さくしなければならないという条件です. 1 mm サイズの粒子を用いた固体解析では, およそ, 上記の時間増分が適当です. 粒子寸法が 2 mm の場合, 時間増分は 2 倍にすることができま

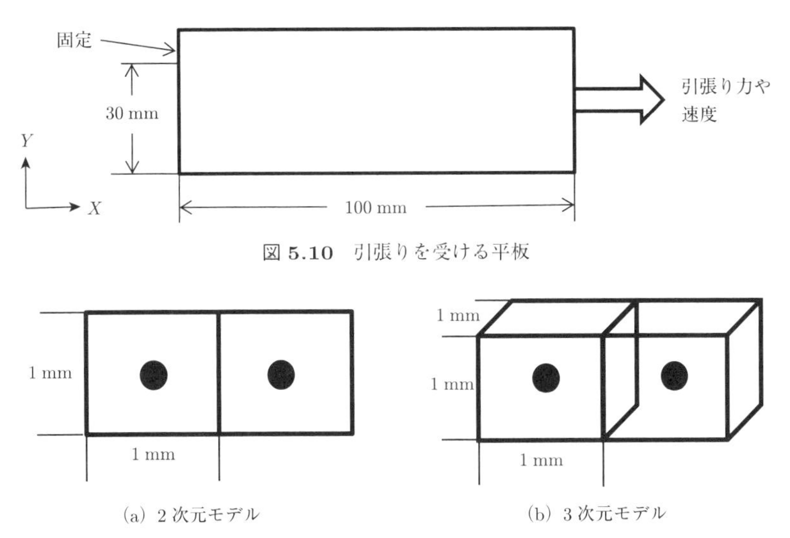

図 5.10　引張りを受ける平板

図 5.11　粒子モデル

す.

② 粒子の初期位置データ：座標データ (X, Y)

平板を粒子に分割します．粒子寸法 1 mm の粒子は，図 5.11 に示すように 1 mm×1 mm の領域を代表する計算点です．形状はなく，体積 V=1 mm^3 (2 次元解析では面積 1 mm^2)，密度 ρ (例えば 7.8×10^{-6} kg/mm^3) として，質量：

$$m = \rho V \tag{5.17}$$

が中心点に集中しているとします.

このモデルを用いて図 5.10 の平板を粒子に分割すると，図 5.12 のように X 方向 100，Y 方向 30，総計 3000 の粒子で表現されます.

この粒子の座標データ (X, Y) については，図 5.13 に示すように，平板の左下を座標の基点とし，上方向に進むとします．この場合，粒子の座標は，$P_1(X$=0.5 mm, Y=0.5 mm)，$P_2(X$=0.5 mm, Y=1.5 mm)，$P_3(X$

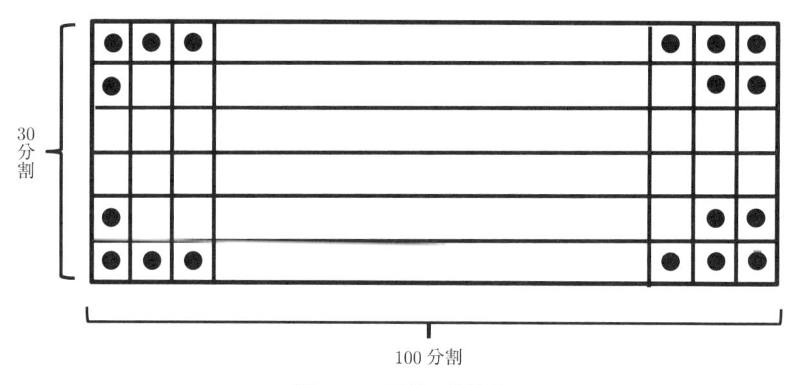

図 **5.12**　平板の粒子化

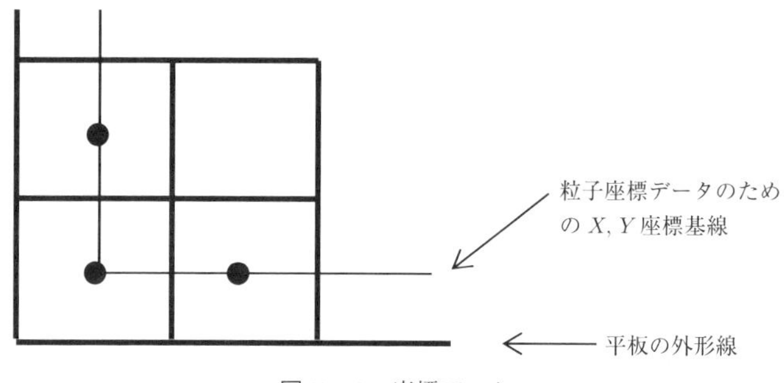

図 **5.13**　座標データ

$=1.5$ mm, $Y=0.5$ mm), …, となりますが，粒子 P_1 の座標点を左下のコーナー点にずらせて，$P_1(X=0$ mm, $Y=0$ mm), $P_2(X=0$ mm, $Y=1$ mm), $P_3(X=1$ mm, $Y=0$ mm), …, としても，座標が全体に粒子半径だけ X, Y 方向に平行移動したのみであり通常の応力解析には問題ありません．ただし，接触問題など境界位置の厳密さが求められる問題では評価点(中心粒子)の座標は正確に入力する必要があります．

また，形状をもたない粒子モデルの性質から，有限要素法のように任意の寸法の要素を組み合わせることはそれほど簡単ではありません．通常は，粒子法の基礎データとしては粒子寸法が一定とすることが推奨されます．粒子寸法の異なるデータを用いる手法の開発はおこなわれていますが

図 **5.14**　粒子法の境界条件

精度的にもまだ問題が残されています．

③ 材料データ：ヤング率(MPa)，ポアソン比，密度(kg/mm^3)

解析に使用する材料データは有限要素法と同じです．

④ 境界条件：各種境界条件が与えられる部分の粒子での処理

粒子法では，各方向の加速度，速度，変位を，粒子ごとに固定あるいは自由運動とすることができます．また，境界粒子にある大きさの加速度，速度，変位を与えることもできます(図 5.14)．境界への荷重負荷は境界粒子に直接，荷重を与えます．荷重条件や強制変位の条件を時間経過に従って変化させることや，初期ひずみや応力を与えて解くこともできます．陽的有限要素法の境界条件の多くは粒子法でも同様に導入できます．

プログラム上では，境界条件の種類によりフラグを立てて処理します．固定部分の粒子では，加速度，速度，変位をすべてゼロに設定します．速度(mm/sec)が与えられる粒子では境界条件処理のサブルーチンにおいてその速度を，また，荷重(応力)が与えられる境界粒子については，その値を粒子の運動方程式に与えます．

5.5　例　　題

固体解析の主流である有限要素法解析に対し，粒子法解析はどのような特徴を持ちどのような可能性を有しているかをいくつかの例題を用いて考えます．上述したように両者の差は固体を要素の集合体として解くか，あるいは物質素片の集合体として解くかという違いに関わりますが，問題に

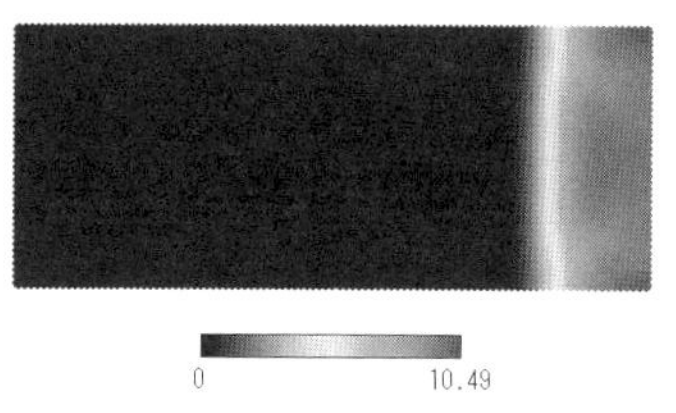

(a) 右辺の境界全体に一様な力を加えた直後

(b) 発生した応力波が伝播を開始

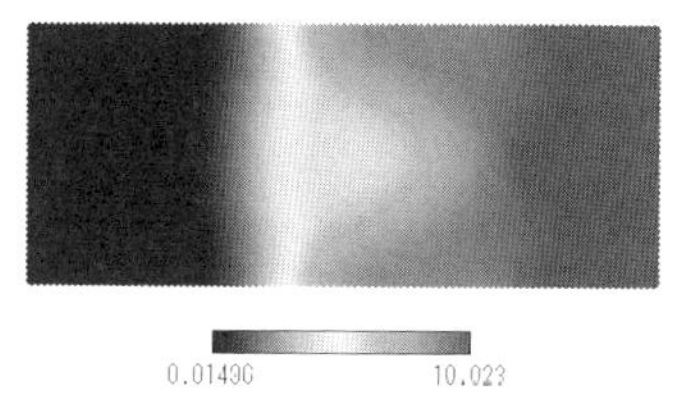

(c) 応力波が板中央部を通過

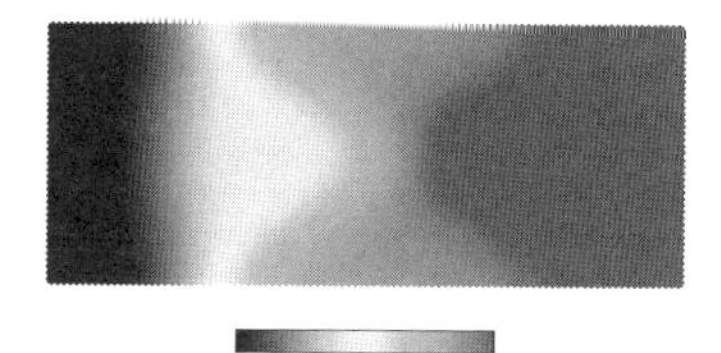

(d) 応力波が左端で反射される

図 **5.15** 応力波伝播解析例

よっては物質素片の集合体として考える方が適切と思われる例が多くあります.

以下において，有限要素法と同じ解析が可能なことを示す例(動的弾性応力解析)と有限要素法では解析が難しい例(クラック進展解析)についてそれぞれ示します.

動的弾性応力解析

最初の例は，陽的有限要素法を用いて一般におこなわれている平板の動弾性問題です．粒子 3000 個を用いた平板モデル(図 5.10)の左端を固定し，右端に引張り力を与え，この平板の内部を伝播する応力波を解析します．使用する材料定数は，ヤング率 2.1 GPa，ポアソン比 0.3，密度 7.8×10^{-6} kg/mm^3，引張り力(応力)10 MPa とします．図 5.15 は，平板内部を伝播する応力波分布の解析結果です.

粒子法による応力解析結果は，陽的有限要素法による動解析の結果と同様に求められ，応力成分とひずみ成分について両者の結果はほぼ同じになることが確かめられています.

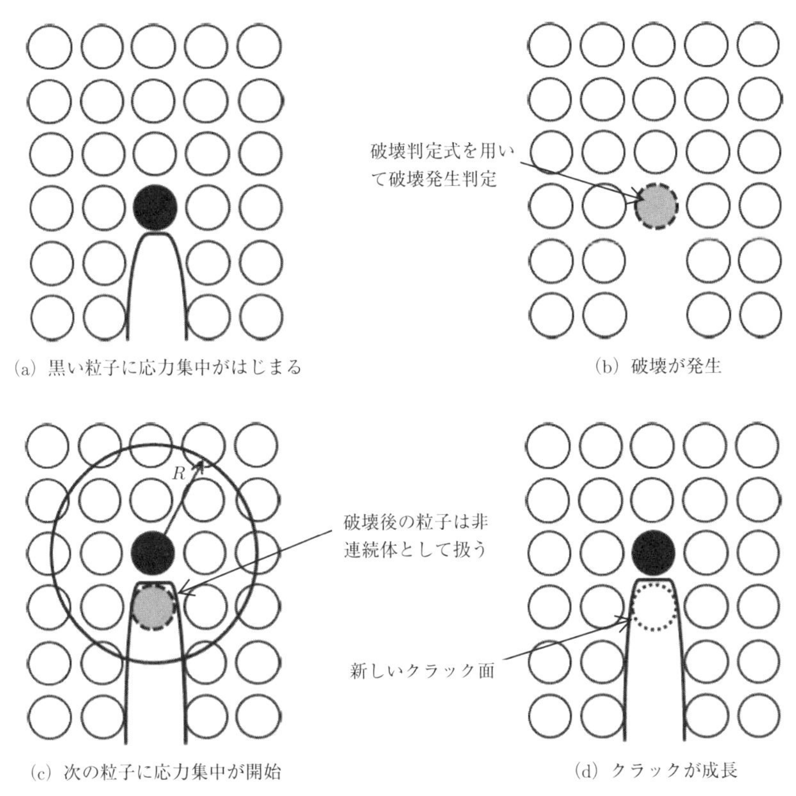
破壊判定式を用いて破壊発生判定
R
破壊後の粒子は非連続体として扱う
新しいクラック面
(a) 黒い粒子に応力集中がはじまる
(b) 破壊が発生
(c) 次の粒子に応力集中が開始
(d) クラックが成長

図 **5.16** 粒子法によるクラック進展解析の手順

クラック進展解析

破壊解析は有限要素法でしばしばおこなわれていますが，特にクラックが進展する問題は扱いがきわめて困難です．メッシュを用いるためクラックの進展方向を自由に決定することが難しく，またクラック進展に伴う材料の分離を表す簡単な方法がありません．一方，粒子法によればクラックの進展方向は比較的自由に選ぶことが可能で，また，破壊にともなう材料の分離も粒子間の力と距離の関係から表現できます．これは粒子法が物質素片の集合として連続体をモデル化していることによるもので，物質素片の分離としてクラック成長を表すことができます．物質素片が分離す

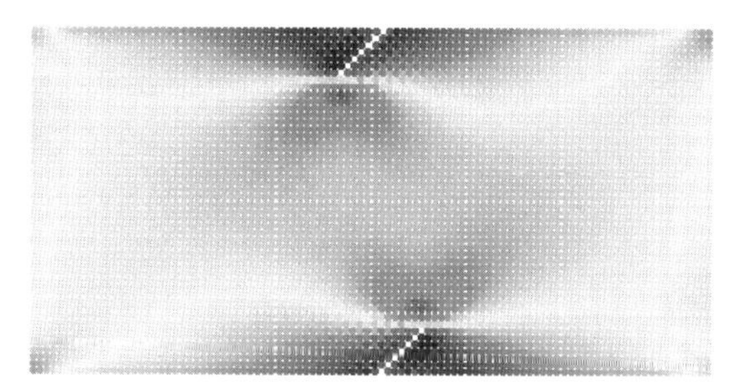

(a) 初期クラック先端が高応力状態になる

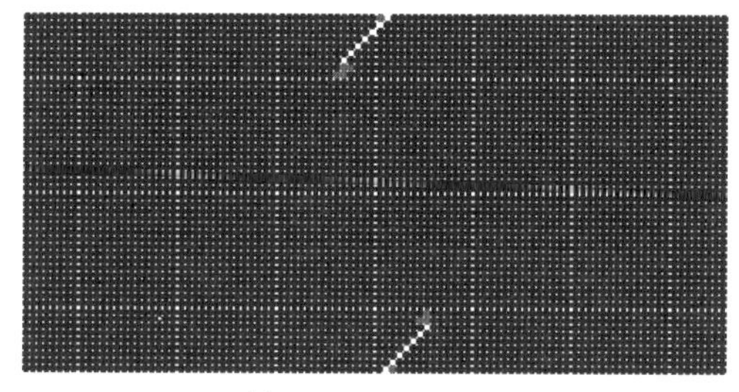

(b) クラック進展開始

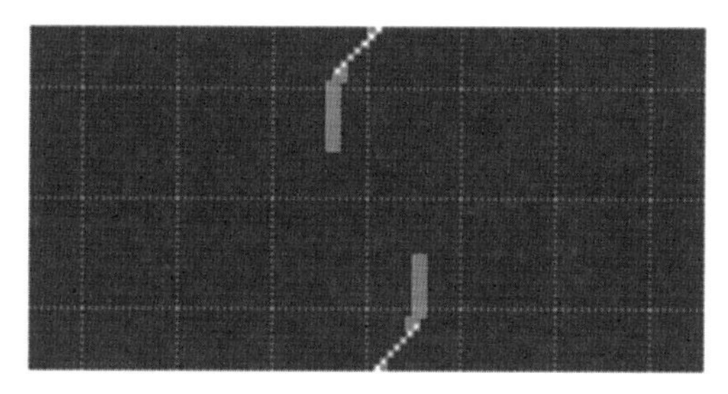

(c) クラックが進展中

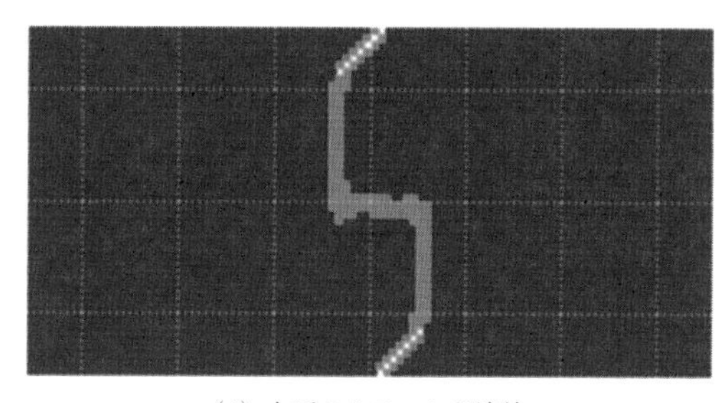

(d) 上下のクラックが連結

図 **5.17**　クラック進展解析例

る条件はいわゆる破壊基準です．たとえば，ある物質素片のひずみが限界を超えると材料は破壊すると仮定します．材料の破壊基準としては，その材料に適した実験値を用います．たとえば，破壊応力，破壊ひずみなどの物理量を使用したり，その材料特有の破壊条件式を用いたりしておこないます．破壊が発生した後の処理，すなわち，クラック進展のプロセスとして，粒子法では以下のような方法を用いることができます．

連続体に外力が付加されると，内部の欠陥近傍に応力集中が発生します(図 5.16 (a))．負荷がさらに大きくなり，応力が集中している粒子のミーゼス(Mises)応力(あるいはひずみ)が，その材料物性値である破壊応力(ひずみ)に達するとその粒子が破壊するとします(図 5.16 (b))．ここで，破壊した粒子は，力の伝達機能を失うというふうにプログラムを作成します．すなわち，破壊した粒子は，応力のやりとりができなくなり，クラック面を形成する粒子となります．その部分では，除荷が生じて応力はゼロになるとします．この処理を破壊粒子について次々におこなうと新しいクラック面(線)が次々に形成されその先端周辺で新たな応力集中が始まります(図 5.16 (c))．この解析を続けると，材料中に明瞭なクラックが形成されていきます(図 5.16 (d))．

粒子法で破壊解析を行う長所は，応力状態と破壊判定基準に従って破壊が自然に進展する点にあります．すなわち，破壊進展方向を決める，クラック先端部のリメッシュをおこなう，などの有限要素法で必要な操作が不要です．欠陥のある平板中においてクラックが伝播する挙動の粒子法による解析例を図 5.17 に示します．左右に引張り力を受けると，上下 2 箇所の応力集中部(初期クラック)から新たなクラックが発生，進展，連結し，最終的に平板は完全に分断されます．

6
流体解析の実際

現在，粒子法がもっとも目覚ましい成果を上げているのは流体大変形解析です．粒子法開発の初期の目的は，複雑な流体の大変形運動を粒子モデルによって解析することでした．いくつかの主要な理論が提案され，それまで難しかった多くの問題が解かれ，初期の目標はほぼ達成されています．今後はさらに複雑な流体大変形現象に対して応用が進展していくと考えられます．本章では，従来の手法と比較しながら粒子法流体解析の基本を明らかにし，プログラム作成のためのヒントを示します．

6.1 粒子法流体解析の概要

前章の固体解析では，有限要素法と対比しながら粒子法の概要を示しましたが，流体解析では差分法が比較対象の候補です．しかし，通常の差分法では流体大変形現象は解けず，さらに非圧縮性のアルゴリズムの導入法には大きな相違があり，直接に比較するということはできません．

私たちの日常生活に関わる水のような流体は，一般に，非圧縮粘性流体と呼ばれます．その運動は，非圧縮粘性流体のナヴィエ-ストークス方程式(以下 NS 方程式と略記)によって記述されます．この場合，差分法や有限要素法では，固定座標系を用いるオイラー的手法がよく使われ，非圧縮粘性流体の NS 方程式は，

$$\frac{\partial \boldsymbol{u}}{\partial t}+(\boldsymbol{u}\cdot\nabla)\boldsymbol{u}=-\frac{1}{\rho}\nabla p+\nu\nabla^2\boldsymbol{u}+\boldsymbol{f} \tag{6.1}$$

です．また，NS 方程式とともに，非圧縮流体の連続の式：

$$\nabla\cdot\boldsymbol{u} = 0 \tag{6.2}$$

が用いられます．上記の式において，$\boldsymbol{u}$ は速度ベクトル，p は圧力，ν は動粘性係数，$\boldsymbol{f}$ は外力ベクトル，ρ は密度，t は時間，∇ はグラジエント，$\nabla\cdot$ はダイバージェンス，∇^2 はラプラシアンです．式(6.1)の左辺第 2 項は移流項とよばれ，オイラー的手法において現れます．

差分法では，式の中の空間微分項を固定格子に関して差分式に変換し，未知数を求めます．一方，粒子法では移動する粒子そのものが計算点であり，そのような記述法をラグランジュ的手法と呼びます．すなわち，粒子法では，式(6.1)のオイラー式記述の代わりに，ラグランジュ形式の NS 方程式：

$$\frac{\partial \boldsymbol{u}}{\partial t} = -\frac{1}{\rho}\nabla p + \nu\nabla^2\boldsymbol{u} + \boldsymbol{f} \tag{6.3}$$

が用いられます．このラグランジュ的手法では移流項がないことに注意してください．この式の右辺第 1 項には，第 4 章で示したスカラー量のグラジエント公式を，第 2 項には，ベクトル量のラプラシアン公式を適用します．すなわち，差分法と粒子法では，解くべき方程式が異なり，方程式を格子ごとか，粒子ごとかで離散化する方法が異なり，さらに，適用する微分公式が異なります．

非圧縮粘性流体解析では，式(6.1)あるいは(6.3)で表現される NS 方程式と連続の式である式(6.2)を連立させて解く必要があります．つまり，連続の式が成り立つように NS 方程式を解く必要があり，圧縮性流体にくらべやや複雑です．この問題に対して，差分法や有限要素法では，様々なアルゴリズムが開発されています．

6.2 非圧縮性流体解析

粒子法は，もともと，圧縮性流体解析のために開発された手法でした．そのために，非圧縮性流体を解くには，非圧縮性を取り入れるための工夫が必要です．そのための手段として例えば，陰解法がよく知られていますが，圧力のポアソン方程式を解く必要があるなど，解析が複雑になります．ここでは，陽解法であるため，簡便に非圧縮性を導入でき，かつ，代表的流体である水にも使える手法として広く利用されている弱圧縮性法(Weakly Compressible Method，WCM)を紹介します[E. S. Lee, C. Moulinec, R. Xu, D. Violeau, D. Laurence and P. Stansby 2008].

水は一般に非圧縮性流体とされていますが，わずかな圧縮性があり，厳密には弱圧縮性流体です．このことを利用して，WCM では，NS 方程式である式(6.3)と，状態方程式を交互に用います．言い換えれば，水などではわずかに圧縮性があることを利用して，圧縮性流体として扱うことを考えます．ここでは，状態方程式として，テイト(Tait)の式：

$$p = B\left(\left(\frac{\rho}{\rho_0}\right)^{\gamma} - 1\right) \tag{6.4}$$

を用いることにします．なお，ρ_0 は初期密度，ρ は変化後の密度，$B=$初期圧力 $(=\rho_0 C_0^2/\gamma$ (C_0 は音速))です．水に対しては，$\rho_0=$水の物性値そのもの，$C_0=$実際の水中の音速の数分の 1 (この値を音速に近づけるほど，より厳密な非圧縮性が得られることになりますが，数値計算上の問題があるため，通常，数分の 1〜1/10 が使われます)，$\gamma=7$ が標準値として用いられます．

計算は下記の手順に従って行います．

① ある時間 t (n ステップ)において，NS 方程式，すなわち式(6.3)を用いて流体運動を陽解法(付録：時間差分法)によって解きます．このと

き，粒子が移動し，粒子の粗密(物体密度の不均一分布)が生じます．この場合，粒子 I の密度は，式(4.14)において $f(x)=\rho$ とおいた

$$\rho^I = \sum_{J=1}^{N} m^J W^J (x-x') \tag{6.5}$$

から求められます．ここに，J は粒子 I の影響半径内の粒子番号を意味します(J には中心粒子である I そのものも含みます)．もし，影響半径内の粒子数が増えると，その点の密度も増加することがこの式から理解されます．

② このような密度の不均一分布は，状態方程式である式(6.4)から計算される新たな圧力分布 p をもたらします．この圧力分布 p は，粒子密度が密なところほど高く，疎になるほど小さいことがわかります．

③ 時間を Δt だけ進めて，$n+1$ ステップにおいてNS方程式，すなわち式(6.3)を用いて再び流体運動を陽解法によって解きます．粒子は，②の圧力分布の勾配に従って圧力の高いところから低い方向に力を受けます．

以上のプロセスを時間 t を進めながら繰り返します．WCMでは，各時間ステップにおいて上の計算を次々に行うことで，弱圧縮性を表現しています．

6.3 流体解析プログラム作成のヒント

上述したWCMのアルゴリズムに従って流体解析のための粒子法プログラムを作成するためのヒントを以下に示します．

① 近傍粒子検索

これは固体解析と同様であり，すべての粒子 I について，その影響半径内にある粒子を検索しデータとして保持します．

② NS 方程式の離散化

速度を求めるために，NS 方程式である式(6.3)を用いて，粒子ごとにその離散式を作成します．まず，式(6.3)の右辺第 1 項は，圧力に関するグラジエントですから，式(4.19)を参考にして，

$$\nabla p = \frac{1}{\rho^I} \sum_{J=1}^{N} m^J (p^I - p^J) \nabla_I W_{IJ} \tag{6.6}$$

のように離散化します．粒子 I の圧力 p^I は，状態方程式である式(6.4)から求められます．影響半径内にある粒子 J と評価粒子 I の圧力差を求め，重み関数のグラジエント(1 階微分値)を掛けて総和をとることによって評価粒子の圧力のグラジエントが得られます．

次に，式(6.3)の右辺第 2 項の粘性項は，速度に関するラプラシアンであり，式(4.25)を参考にして，

$$\nabla^2 \boldsymbol{u} = -2 \sum \frac{m^J}{\rho^J} \frac{\boldsymbol{u}^J - \boldsymbol{u}^I}{|\boldsymbol{x}^{IJ}|^2} \boldsymbol{x}_{IJ} \nabla_I W_{IJ} \tag{6.7}$$

と離散化します．ここで，$\boldsymbol{x}^{IJ}$ は中心粒子と近傍粒子の x, y, z 方向の座標差，$|\boldsymbol{x}^{IJ}|$ は粒子間距離です．

③ NS 方程式を解く

中心粒子 I について，NS 方程式である式(6.3)に，式(6.6)と(6.7)を代入して，オイラーの陽解法(付録：時間差分法)を用いて時間方向に時間積分すれば，各時間ステップにおける粒子 I の速度が求められます．次に，速度から変位(位置)が求められます．このとき，式(6.6)と(6.7)の計算に必要な，粒子点の密度 ρ は，その粒子の影響半径内にある粒子のデータから式(6.5)を用いて求めます．また，圧力 p は，この密度をテイト型の状態方程式である式(6.4)に代入して求めます．以上から理解されるように，WCM では連続の式である式(6.2)を直接用いることはしません．上記の手順を物体の全粒子に対して行います．

6.4　解析データ

水柱崩壊問題(図 6.1)を例にとって，解析に必要なデータを説明します．ここでは，容器左壁の水柱が，ある瞬間に崩れて容器内に流れ出す挙動を解くことにします．

① 解析条件データ：粒子寸法(mm)，影響半径(mm)，時間増分(sec)，総粒子数，総解析ステップ数

水柱，容器とも 1 mm サイズの粒子で解析するとします．影響半径は標準の値(粒子寸法の 2 倍)，時間増分は 1.0×10^{-3} sec，総粒子数は 2000 個，総解析ステップ数は 500 と与えます．時間増分は，粒子寸法と流体中の「音速」で上限は決められ，第 5 章の固体問題と同じくクーラン条件が基本です．

② 粒子の初期位置データ：座標データ (X, Y)

水柱と容器について粒子分割します．粒子分割の方法は固体問題と同様です．壁粒子の寸法と流体粒子の寸法は同一とします．容器は厚さ方向に 3 層以上の層の粒子で作成します．このようにするのは，式(4.6)の右辺第 1 項を考慮する必要がないようにするためです．

③ 材料データ：密度(kg/mm^3)，粘性(Pa s)

容器が変形しないと仮定した場合，水柱，容器とも，同じデータを用います．なお，容器の弾性変形を考慮する場合は，それぞれ，独自のデータを用いて構造解析と連成させます．

④ 境界条件と容器壁データ

壁粒子は不動，水粒子は自由に運動するとします．壁粒子，水粒子にそれぞれフラグを付けて境界条件を制御します．流体・容器壁間の境界条件として，ここでは，ノンスリップ(スリップなし)条件，またはスリップ条

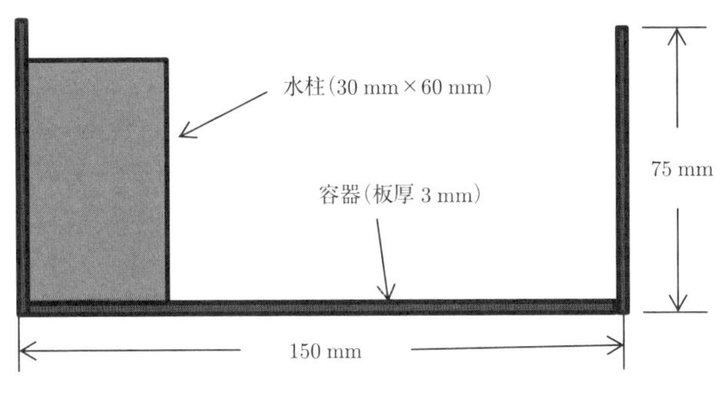

図 **6.1**　水柱崩壊問題の 2 次元モデル

件を考えます．これらの条件は，運動方程式の変数に対して操作する方法が容易です．

たとえば，ノンスリップ(スリップなし)条件の場合は，容器壁表面の流体速度がゼロになるようにするために，式(6.7)において，すべての壁粒子の速度をゼロに固定して計算します．

一方，スリップ条件であれば，次のような操作を行います．

- 水壁間境界近傍に位置する中心粒子 I に注目して，I の水壁間境界に並行方向の速度を U^I，I の影響半径内にある近傍粒子 J の同方向速度を U^J とします．
- 粒子 I が水粒子であって，かつ，J が壁粒子であれば，式(6.7)の計算において $U^I=U^J$ とおきます．それ以外は，壁粒子速度をすべてゼロにします．
- このようにすれば，水壁間境界近傍において壁に並行方向の速度の壁方向への勾配を近似的にゼロにすること，すなわち，スリップ条件を近似的に表現することができます．

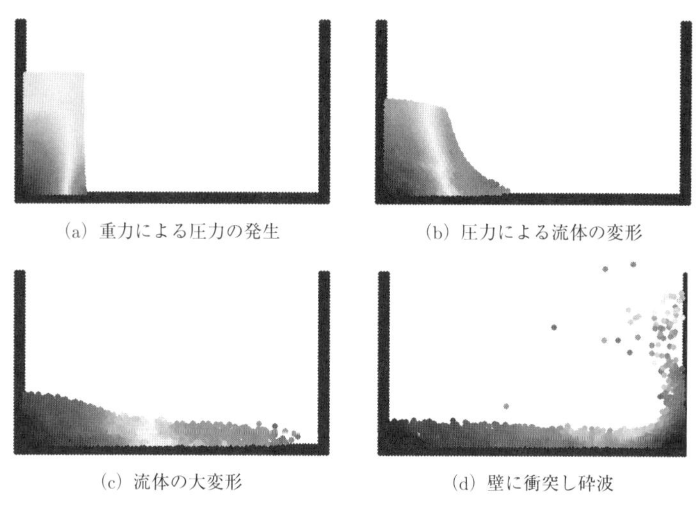

(a) 重力による圧力の発生　(b) 圧力による流体の変形

(c) 流体の大変形　(d) 壁に衝突し砕波

図 **6.2**　水柱崩壊解析

6.5　例　　題

粒子法流体解析の代表的な例を紹介します.

水柱崩壊解析

上述したデータ(図 6.1)をもとに得られた結果を図 6.2 に示します. 水柱が重力により圧力を発生し(同図(a)), 発生した圧力により流体の変形が生じ(同図(b)), さらに重力と圧力により大変形が発生し(同図(c)), 対面する壁に衝突して砕波(さいは)する(同図(d))という結果が得られています.

スロッシング解析

さらに複雑な流体挙動としてスロッシング解析を考えます. スロッシング解析で必要なデータは容器の振動周期と振幅です. 図 6.3 に示された矩形の容器が周期 ω, 振幅 Δ で横ゆれ運動をするとき内部の流体運動と圧力分布を求めるという問題です. 簡単のために, 容器は, x 軸に沿って周

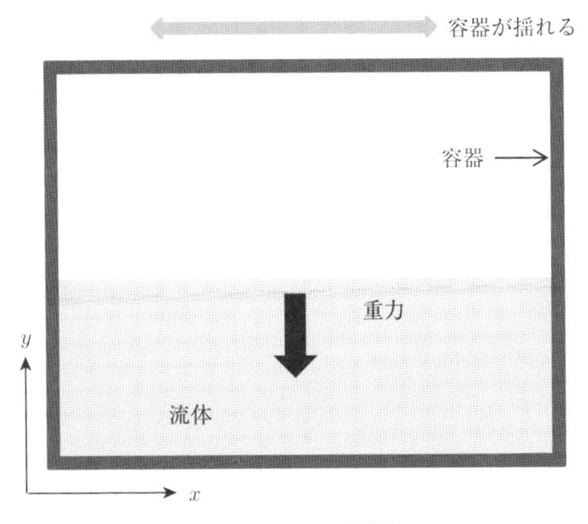

図 **6.3**　スロッシング解析のモデル

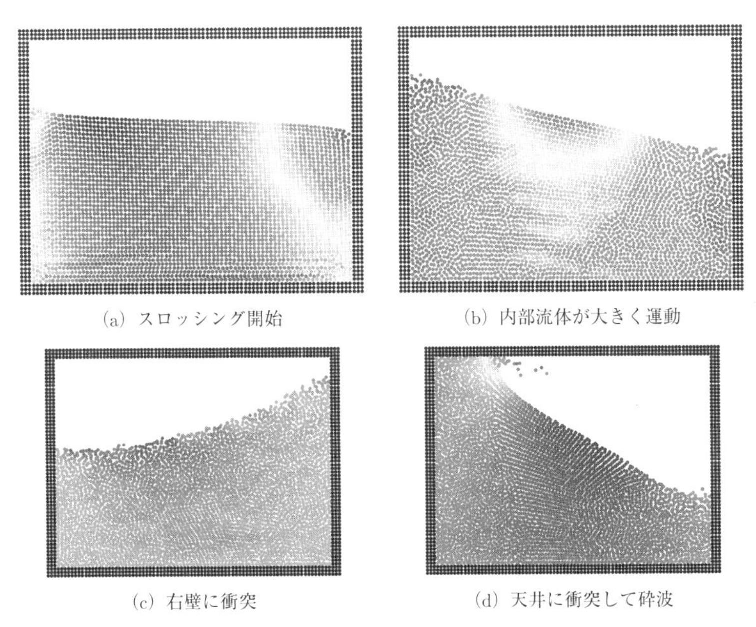

(a) スロッシング開始
(b) 内部流体が大きく運動
(c) 右壁に衝突
(d) 天井に衝突して砕波

図 **6.4**　スロッシング解析結果

期運動をし，容器は剛体とします．計算上では，容器の強制運動をループ計算の最初に，毎回，時間増分にしたがって与え，粒子検索，運動方程式の作成，圧力計算の順におこなっています．結果を図 6.4 に示します．容器内部で流体が大きく揺れ動き，壁に衝突して砕波する挙動が求められています．粒子法のひとつの目的が，激しく流れ，渦を巻き，砕け散るという流体運動を表現することにあったのですが，その初期の目的は，以上の例から理解されるようにほぼ達成されていると考えられます．

7
粒子法の展開

粒子法の実用的な解析は流体問題や固体問題などの分野で進展しており，製造業を中心とした工業分野への展開も始まっています．一方，粒子法の解析手法は有限要素法や差分法など従来の手法と異なっています．同じ流体問題を扱うにしても，その解には粒子法の特徴が強く現れ，また，固体問題ではその特徴を活かすことによって有限要素法では扱えなかった現象の解析が可能となることもあります．このように，粒子法の応用が期待される分野は多いと思われますが，逆に，従来の手法にくらべ粒子法が適さないという問題もあります．粒子法の特徴，解法のアルゴリズムを総合的に知ることにより，これまで解析することが難しかった問題への取り組みを展望することが必要です．ここでは，これまでになされてきた粒子法の応用例を示すことで，今後の展開への足がかりにしたいと思います．

7.1　固体問題

固体大変形問題

粒子法は，流体大変形問題と同様に固体の大変形解析においても有効です．例えば，鍛造問題への応用もなされています[酒井譲 2009a]．図 7.1 には有限要素法と粒子法の解析結果を示しますが，有限要素法では，金型エッジ部などで要素が極端に潰れる現象が発生することが多く，この問題を処理するためにリメッシング(要素の再構成)が必要です．しかし，リメッシングには精度低下が伴い，また局所的な大変形に対してはリメッシン

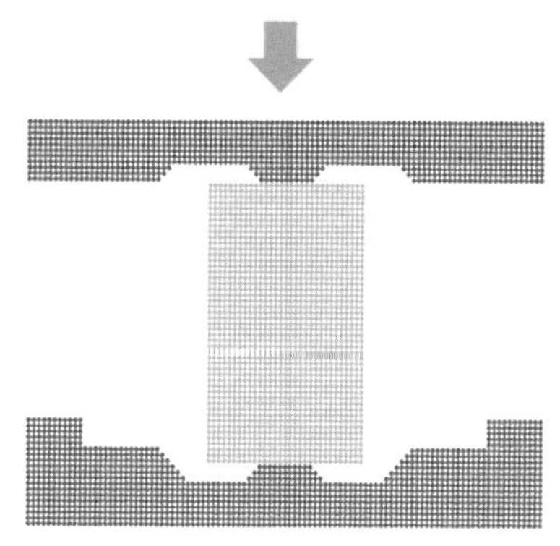

(a) 上下の金型によって中心の素材が圧縮される

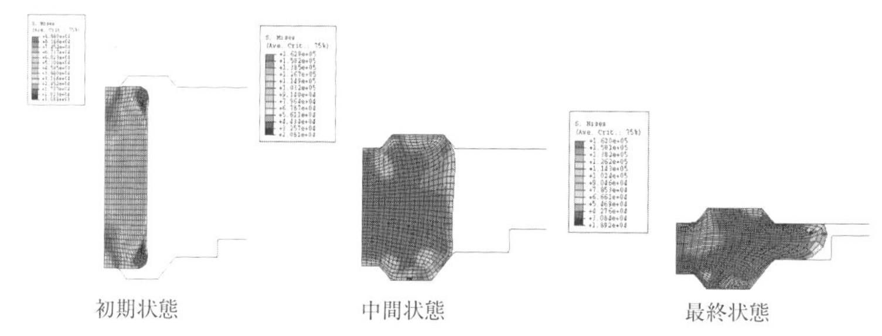

(b) 有限要素法解析(図 7.1 (a)の右半分を示している)

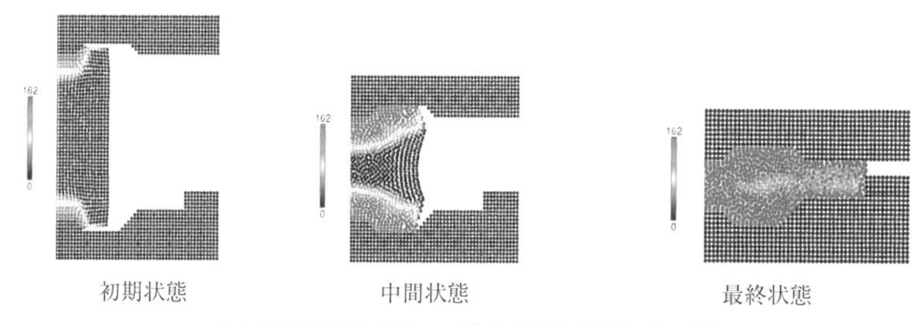

(c) 粒子法解析(図 7.1 (a)の右半分を示している)

図 **7.1** 金属の鍛造解析

グが不可能となることもあります．一方，粒子法によれば解析は中断することなく持続し，きわめて大きな変形まで扱うことが可能です．ただし，粒子法においても大変形が進むにつれ精度が低下していきますから注意は必要です．

固体の破壊伝播問題

固体の破壊伝播問題も有限要素法の応用が困難とされてきた分野です．連続体を要素で分割した場合，要素分布形状に依存した連続体の分離・分裂挙動となり，自然な破壊挙動を表現することが困難です．一方，粒子法解析ではモデルが微小な素片の集合体として表されているため連続体の分離・分裂の扱いが容易です．また，有限要素法では実験式を用いて破壊進展方向を決定する方法が採用されることが多く，3次元構造物の破壊進展解析はきわめて困難です．

粒子法による破壊解析は従来の解析とは異なり，破壊の進展方向，進展距離などを，連続体の応力，ひずみ分布と応力集中挙動にしたがった物理的メカニズムで破壊進展するアルゴリズムを採用することができます．このアルゴリズムについてはさらに研究を重ねる必要がありますが，従来の破壊解析にくらべ連続体の破壊挙動をより簡単に，また精度よく扱うことができると考えられます．

図7.2は，CT（Compact Tension）試験片の破壊解析結果です．初期クラック先端での応力集中（同図(a)），破壊の進展開始（同図(b)），破壊の進展（同図(c)）の挙動が求められています[酒井譲，山下明彦 2001]．

複合材料問題

複合材料は，母材（マトリクス）と強化繊維が複雑に組織化されています．この組織全体を詳細に要素分割することは不可能ですから平均的な物性に置き換えた簡易モデルを用いた解析が有限要素法では用いられています．

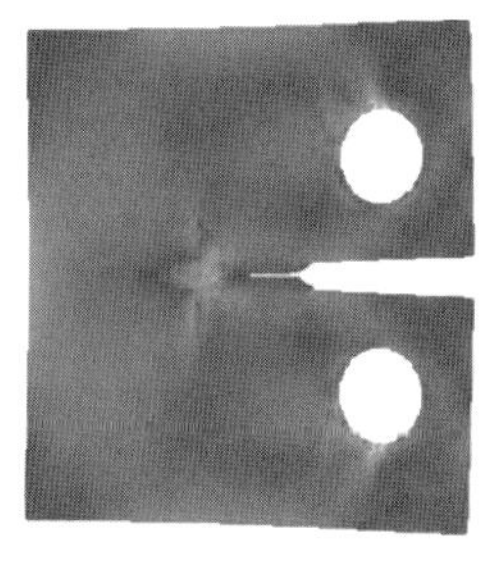
(a) 応力集中発生

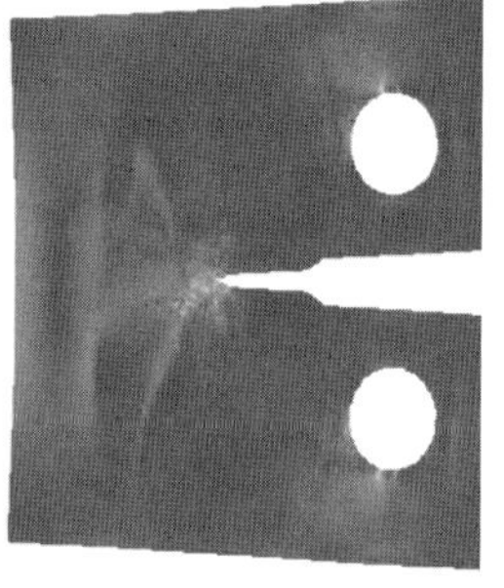
(b) 破壊開始

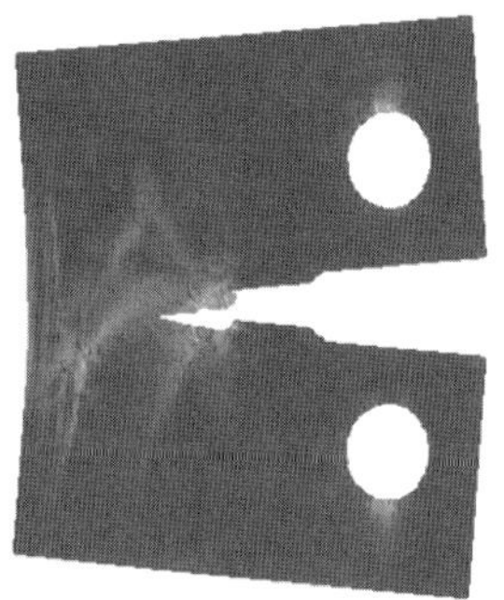
(c) 破壊進展

図 **7.2**　破壊解析

粒子法では，このような問題では材料の画像を利用し，画像情報としては金属顕微鏡写真や CT (Computer Tomography) 画像が用いられます．図 7.3 (a) は，複合材料断面の CT 画像です．この画像のピクセル(デジタル画像情報の最小単位)を 1 粒子とし，ピクセルごとの輝度値を用い，そのピクセルがマトリクスか強化繊維かを判定し，その結果を粒子データとします．このような画像処理を行うことにより複合材料 1 断層の粒子化が可能となります．同図(b)は粒子モデルにより構成された複合材料の 1 断層を表します．これを全断層について作成すると，複合材料の 3 次元粒子モデルを作ることができます．通常，1000〜2000 枚ほどの CT 写真データをもとに 3 次元解析用データを作成します．このとき，断層間の繊維の連続性を保つため粒子変換データの補間処理が必要となる場合があります．

このモデルを用いてミクロ・レベルの強度解析は可能ですが，CT 技術(断層写真の精度，断層間隔をより小さくすることなど)の向上，より巨大な粒子モデルを解析する解析能力などまだ様々な問題が残されています．この例のように，精度のよい画像データをもとに固体材料の複雑な組織を粒子モデルにより再現する試みは，後述する人体組織の解析についても有効となります．また固体の組織レベルの解析という観点からは，塑性加

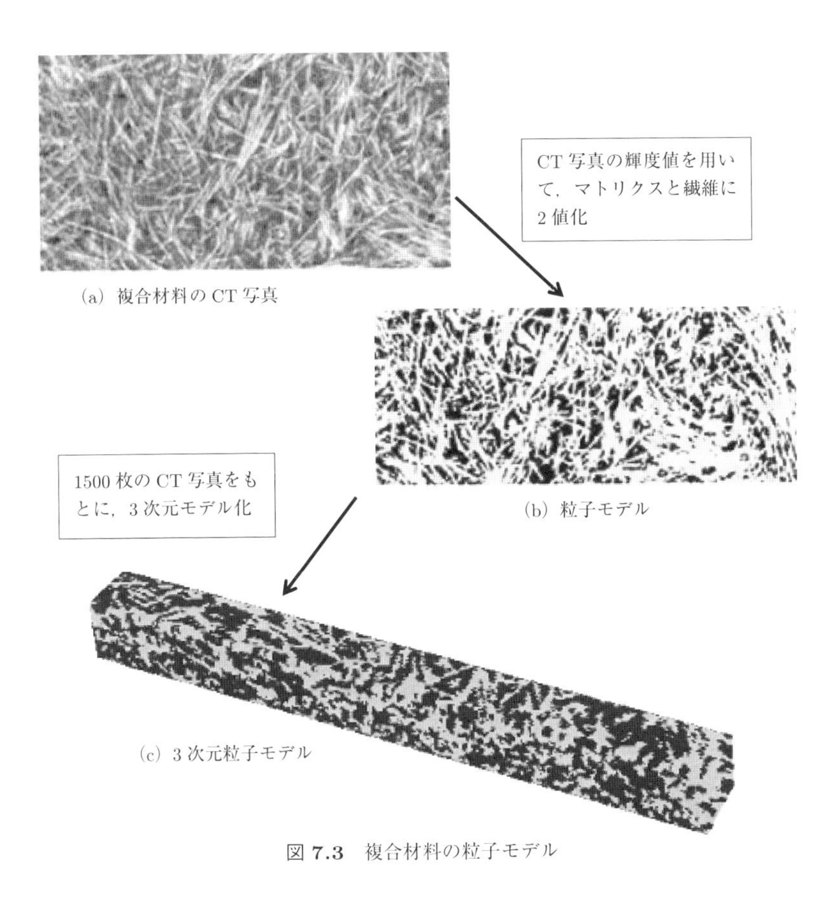
CT 写真の輝度値を用いて，マトリクスと繊維に2 値化
1500 枚の CT 写真をもとに，3 次元モデル化
(a) 複合材料の CT 写真

(b) 粒子モデル

(c) 3 次元粒子モデル

図 **7.3**　複合材料の粒子モデル

工，切削加工，摩擦・摩耗問題などへの応用が期待されます．

金属の組織解析

固体を物質素片の集合体とみなして粒子モデル化する手法が有効な例として，金属組織の解析があります．現在，金属，複合材料，ゴムあるいはセラミクスなどの組織レベルの数値解析が試みられています．材料の強度，靭性，破壊，摩擦，摩耗などの特性はミクロ場の組織状態に起因していると考えられ，ミクロ組織あるいはナノ組織の詳細な研究が必要です．

たとえば，図 7.4 (a)は黒鉛鋳鉄の組織写真ですが，黒鉛組織と周辺の

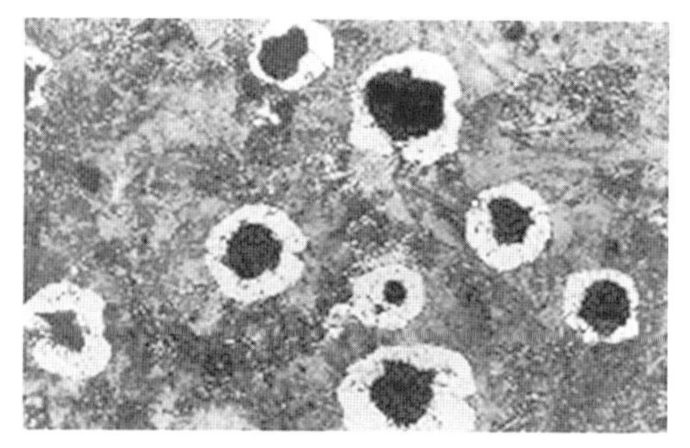

(a) 組織写真(黒鉛鋳鉄)

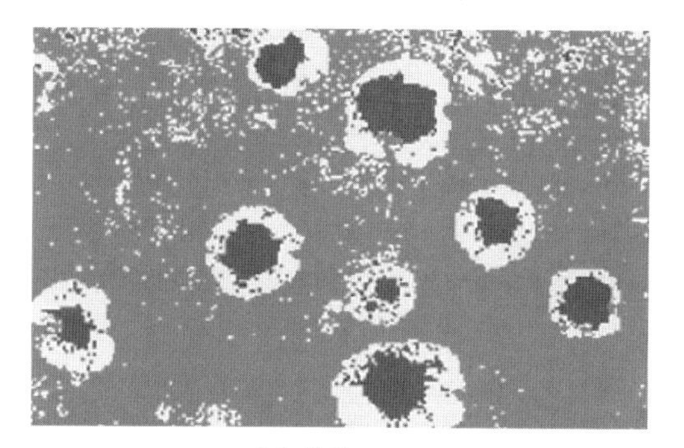

(b) 粒子モデル

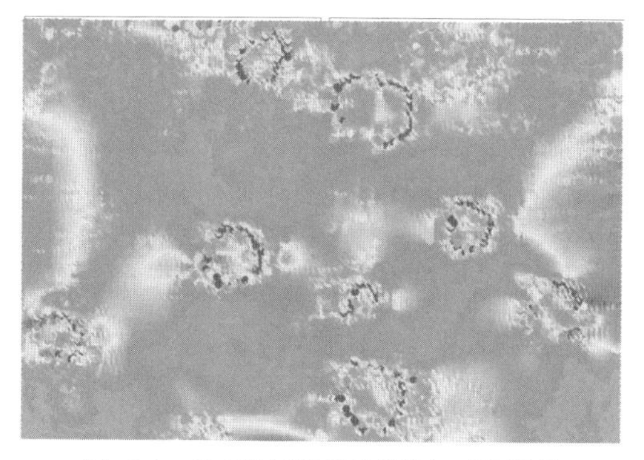

(c) ミクロ場の応力解析と破壊発生の解析結果

図 **7.4**　金属の組織解析

鉄組織から成り立っていることが分かります．黒鉛組織と鉄組織の中間組織も見られ，非常に複雑な組織となっています．このようなミクロ組織の解析は，有限要素法解析では困難です．一方，粒子法を用いると金属組織に近い粒子モデルに変換することが可能で，これを用いた様々な解析がなされています[酒井譲 2009b]．同図(b)は，黒鉛鋳鉄の金属写真の1ピクセルを1粒子に対応させ，写真の輝度(明るさ)を用いて黒鉛と鉄および中間層を識別し，それぞれをモデル化しています．このモデルを用いて，応力解析とそれに伴う破壊解析を行った結果が同図(c)です．図では黒鉛鋳鉄結晶の周辺にマイクロ・クラックが発生する様子が示されています．この例では，粒子寸法1 μm，粒子数8万個で計算され，材料は，黒鉛，鉄，中間層の3種類でモデル化されています．

このように，固体のミクロ組織，複合材料あるいは人体などの複雑な組織は，有限要素法ではデータ化が難しく，物質素片に対応する粒子単位でデータ化し解析する粒子法が有効です．

7.2　流体問題

流体大変形問題

粒子法は流体のダイナミックな運動の表現に優れています．もともと，粒子法の開発の目的は流体運動のもつ，きわめて自由な変形運動を数値解析するためでした．流体の大変形現象は日常の社会生活のいたるところに，たとえば車の洗浄，洗濯，トイレの水流れ，カップへコーヒーを注ぐ，それを飲む，さらに人体の中の血流など無数に存在します．また災害時には津波，河川洪水，土石流のようなものもあります．会社の製造現場では，油流れ，汚染の除去，さらには鋳造やプラスチック射出成型のような熱流体の大変形から固体への相変化問題，稀薄性流体では，燃焼や爆発などの問題もあります．これらのいずれに対しても粒子法が適用可能と考えられます[J. J. Monaghan 1994]，[酒井譲，楊宗億，丁泳憾 2004]．流

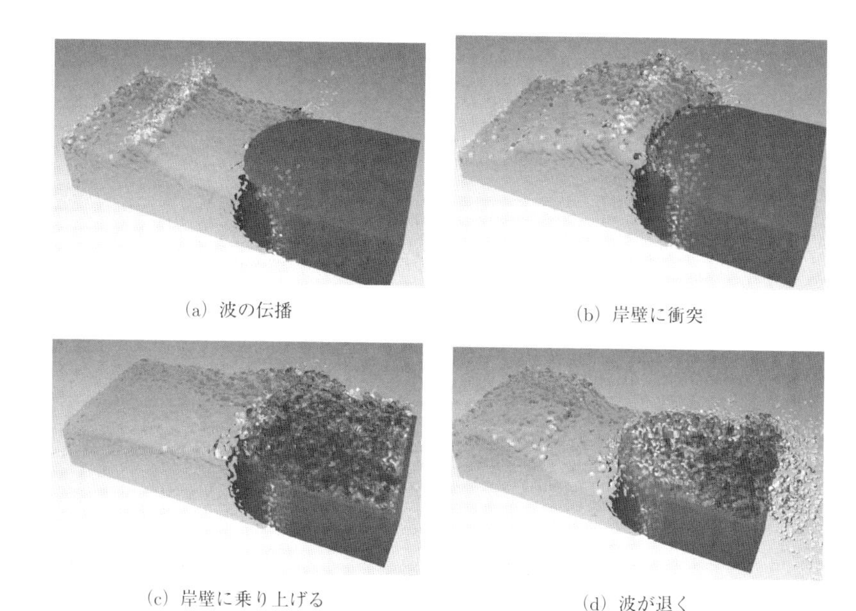

(a) 波の伝播　(b) 岸壁に衝突　(c) 岸壁に乗り上げる　(d) 波が退く

図 **7.5**　波の挙動解析例

体大変形問題の分かりやすい例として，波の打ち寄せ挙動解析例を図 7.5 に示します．

図は，粒子法による波動解析結果を CG 化して示しています．波の砕ける様子や飛沫なども求められています．このようなきわめて複雑に変化する流体運動は従来の手法では解析することは困難であり粒子法の特徴がよく現れています．粒子法の解析結果は微細な粒子ごとに物理量をもっているので CG 技術の適用が容易です．結果の CG 化によって，リアルな流体運動の様子が再現されていることが分かります．

さらに，物体が水中に落下したときに生ずるスプラッシュ(splash)の粒子法解析もなされており，落下する物体のサイズと形が同じでも物体表面の違いがスプラッシュ形成に大きく影響するという結果が得られています [M. Yokoyama, Y. Kubota, K. Kikuchi, G. Yagawa and O. Mochizuki 2014].

また，自然現象として津波解析，土石流解析もおこなわれています．工業分野においても，流体撹拌解析，洗浄，潤滑油流れ挙動など，粒子法により様々な解析が行われています．特に，流体撹拌解析は，従来の手法では難しい問題です．粒子モデルを用い流体を素片化することによって，撹拌される流体の大域的な挙動と局所的な挙動が求められます．図 7.6 は，中心の撹拌羽根の回転により 2 種類の流体が混ざり合っていくプロセスを示しています．このような 2 種類の流体の撹拌解析は従来の方法では非常に困難であり，粒子法によって解析が可能となった分野といえます．

相変化問題

熱流体の相変化問題は，鋳造プロセスや製鉄プロセスなどにみられるように工業的にもきわめて重要な課題ですが，粒子法は，流体から固体，また固体から流体への相変化現象が従来の方法よりも扱いやすいことからその応用が始まっています．

粒子モデルは，物質の素片であり，さらに形状をもっていないために，これを固体と考えてもまた流体と考えてもよいわけです．質量と体積は保有していますから，相変化現象は物質素片の体積変化で表現できます．図 7.7 は粒子法鋳造解析の例ですが，砂型に注がれた溶湯(ようとう)（液体状態の金属）が固液共存状態を経て固化していく過程と，鋳造物の内部に欠陥（巣）を発生させるプロセスが解かれています［一宮正和，酒井譲 2013］．

また溶接解析も粒子法で解析が可能な分野といえます．有限要素法解析と比べたとき，溶接金属の流動現象や熱流体・固体の相変化がより詳細に扱え，熱応力による固体の変形も解析ができます．ただし，このような解析では微小な粒子を用いる必要があり解析時間は有限要素法解析よりも多大になりがちです．

マイクロ場の流体問題

社会生活においては，表面張力や毛細管現象などの流体現象が問題と

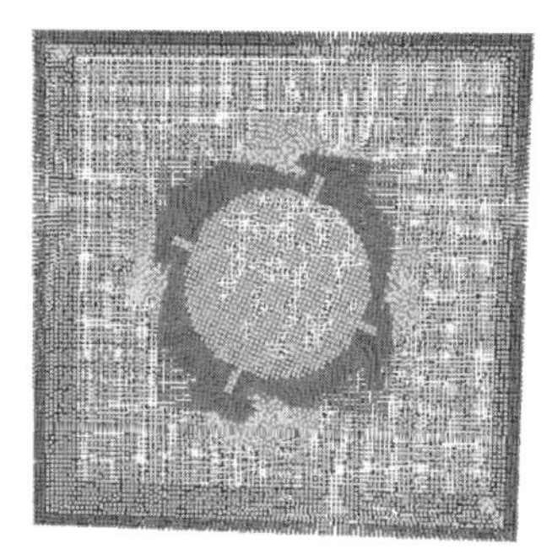

(a) 撹拌開始

(b) 2 種の流体が混ざり始める

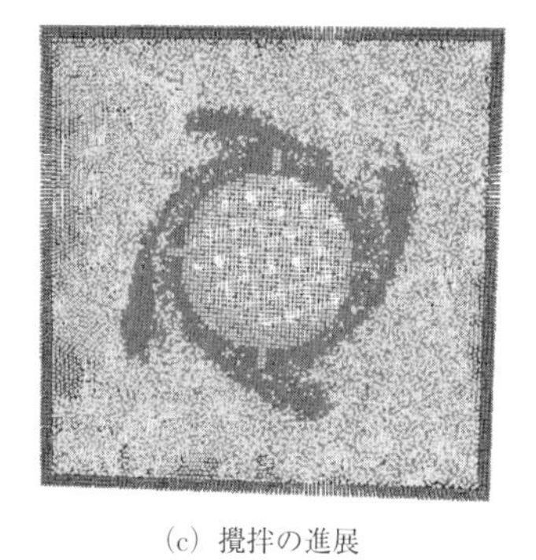

(c) 撹拌の進展

図 **7.6** 流体撹拌解析

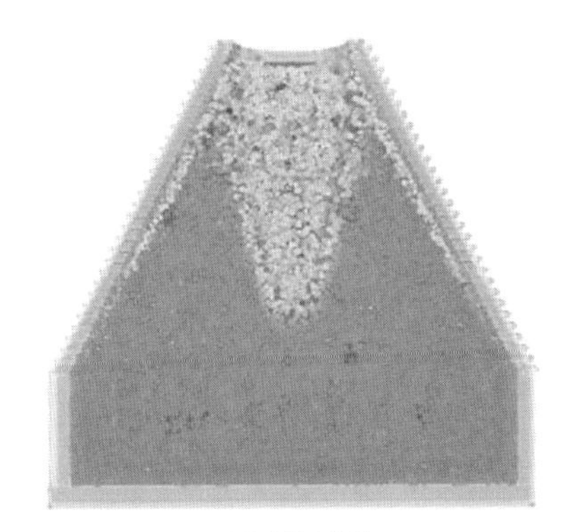

(a) 解析結果

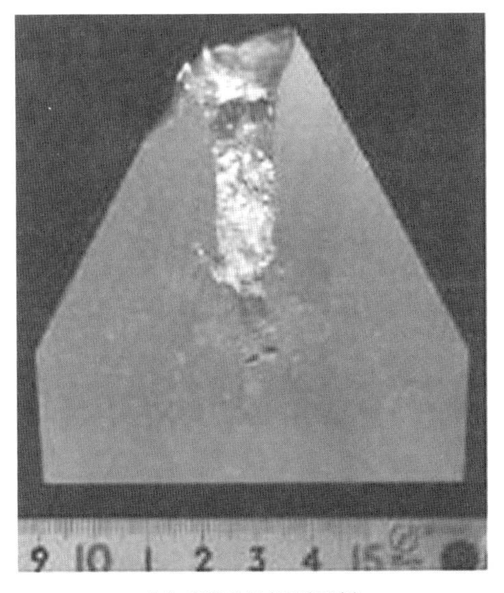

(b) 実験結果(切断写真)

図 **7.7** 相変化解析(熱流体の固化)

なることはあまりありませんが，製造の現場では，流体の持つ物理的特性(表面張力，濡れ性，毛細管現象など)が重要な役割を果たすことが多くあります．一般に，自由表面がある流体問題は粒子法の特徴が活かされる分野であり，マイクロ場(mm～μm)の流体運動解析にその応用が始まっています．図 7.8 は，粒子法による表面張力解析結果です．流体表面積が最

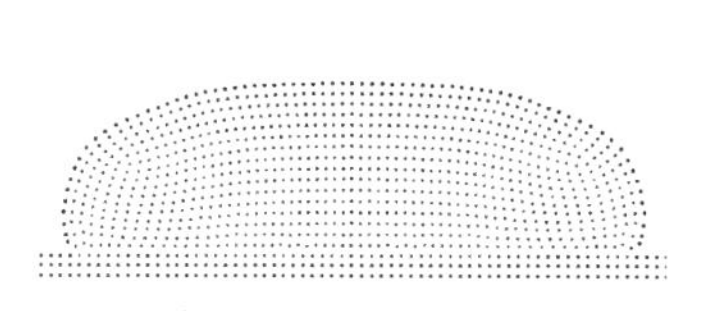

(a) 床上の水滴(初期)

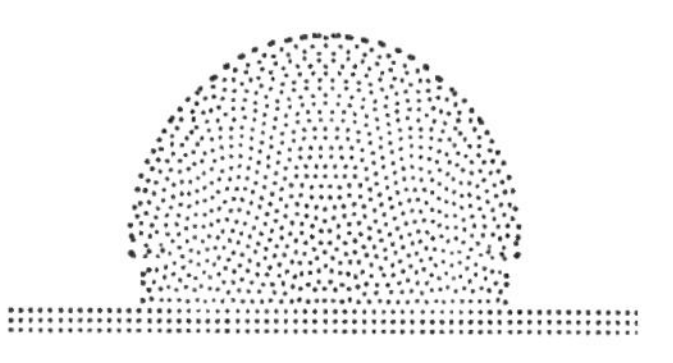

(b) 表面張力で球形になる

図 **7.8** 表面張力解析

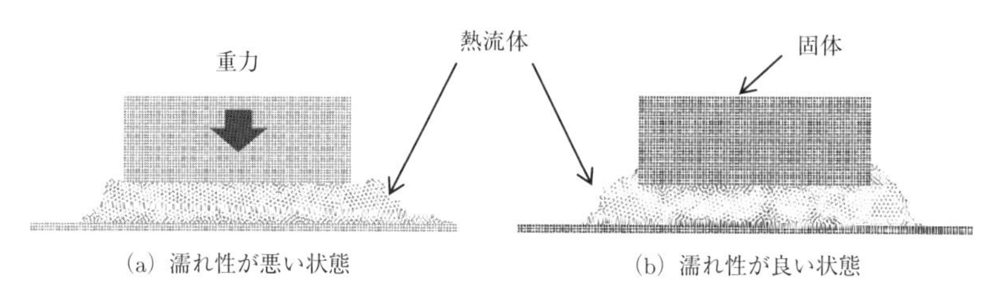

(a) 濡れ性が悪い状態　(b) 濡れ性が良い状態

図 **7.9** 濡れ性解析

小となるような力が働いた結果，球状に近い流体表面が形成されるというプロセスが得られています．

同図(b)の例では，球状液滴の直径はおよそ 1 mm，解析に用いた粒子寸法は 0.01 mm です．この解析には精度の高い制御が必要であり，計算時間も通常の粒子法流体解析にくらべ大きくなります．このような，流体の物理的あるいは化学的現象が重要になるのは，ミクロやナノレベルの極微小流体を扱う分野であり，半導体製造や薬品製造分野，さらに，人体の流体現象(血流，発汗)など様々な問題への適用が考えられます．

表面張力現象と似たような現象に，濡れ性の問題があります．濡れ性とは，固体(金属である場合が多い)と液体の表面力が関わる現象です．例えば，金属上の水銀などは球体となりますが，金属上の水は一般に広がっていきます．このような濡れ性の解析も，これまではきわめて困難でしたが，ここでも粒子法の解析が進歩しています．

図 7.9 は熱流体(はんだ)の上に半導体チップがあり，自重により半導体チップが沈み込むにしたがって固体金属表面が熱流体に覆われていく挙動を示す例であり，濡れ性の良否が示されています．粒子法解析では固体

と液体の表面力を与え，固体を覆う流体の詳細な挙動を解くことができます．

一般的にマイクロ場の物理現象が関わる流体問題には，粒子法のアルゴリズムは従来の手法よりも適している場合が多いと思われます．一方，工業分野で広範囲におこなわれている管内部の定常流れ問題などは，格子法系解析のほうが向いているといえます．

7.3　粉体問題

粉体の成型解析は，従来，ほとんど数値解析がおこなわれていません．セラミクスのような粉物質は，圧縮成型されるプロセスではその空間が排除されて初期の体積から半分あるいは1/3ほどまでに減少したりするいわゆる圧縮性物質であり，メッシュを使う解析では困難です．

粒子法は，粉体の個々の単位である粉の1粒子を表現するには都合がよいのですが，粉体の初期状態において粉は非連続体としての挙動を示すので，連続体力学に基礎を置く粒子法をそのまま適用するには問題があります．そこで非連続体を表現する部分(粉体初期状態の，粉としての挙動を示す範囲)では，離散要素法(DEM)でモデル化し，連続体化してからは粒子法で解く，すなわち，DEM-粒子法解析のアルゴリズムが有効です．

2次元のDEM-粒子法解析で得られた粉体解析の様子を図7.10に示します．内部の密度変化，さらに応力状態，ひずみ状態も求められ，内部欠陥の分布がある程度予測できる情報が得られています．

粉体解析では成型品を焼き固める粉体焼結の問題もあります．焼結プロセスでは，相変化，密度変化，再結晶などの物理現象も現れ数値解析が困難であった分野ですが，粒子法による検討が行われつつあります．

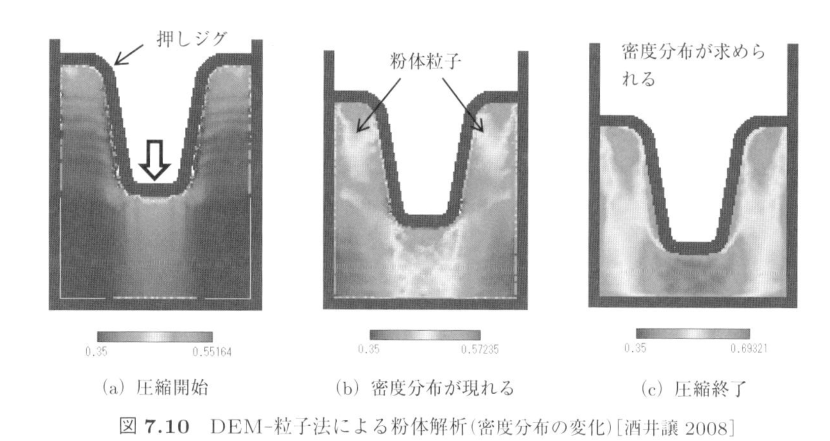

(a) 圧縮開始　(b) 密度分布が現れる　(c) 圧縮終了

図 **7.10**　DEM-粒子法による粉体解析(密度分布の変化)[酒井譲 2008]

7.4 その他

メッシュレス解析

粒子法は典型的なメッシュレス解析手法です．複雑な形状の構造物が，大きな変形を生じるような問題には適性があるといえます．図 7.11 は乗用車を 1 台丸ごと粒子化した例です．

この例では CAD から得られる stl (standard triangulated language) ファイルをもとに均一な粒子(寸法 1 mm)で車全体を粒子化しています．複雑な内部構造であっても，構造の形状・寸法を示すデータ(ここでは stl ファイル)があれば粒子モデルを瞬時に作成することができます．ただし現在のところ，粒子寸法は一定でなければならないという制約があります．図の粒子モデルは，およそ 1 億個の粒子で作成したものですが，薄板構造の車体部などは粒子寸法をさらに小さくする必要があります．自動車 1 台の実用的な粒子モデルを作成するには数十億粒子から百億粒子という巨大データとなり，スーパーコンピュータを使用する巨大計算となります．異なった粒子寸法を組み合わせて解析の規模を縮小させるなどの実用的な解析は将来の課題と言えます．

図 **7.11**　自動車 1 台の粒子化(1 億粒子モデル)

このように，粒子法はメッシュレス解析であるため，解析データ作成はきわめて容易で，複雑な構造物の解析データ作成には適性があります．また，それを用いて精度のよい応力解析あるいは破壊解析をすることができますが，複雑構造物の解析では粒子データは有限要素法とくらべて巨大となりやすく，高速計算処理の導入が必須となります．そのために，GPU 計算や MPI 並列計算を用いる例が増加しています．粒子法のアルゴリズムは並列計算に比較的適していると考えられますが，これらの高速化法をさらに有効に活用する技術の開発が必要です．

人体組織の解析

近年，粒子法の人体組織解析研究が増えつつあります．その理由は，人体構造の複雑さにあると思われます．生体組織は人工物の組織に比べはるかに複雑であり，これを格子・要素で作り上げることは困難で，また，生体組織の運動や様々な生体反応の解析を格子法系解析手法で精度よく表すことはなかなか難しいのが現状です．一方，粒子法は物質素片で生体組織をモデル化するため，リアルな解析モデルを作ることができます．

粒子法で用いられる人体組織モデルは CT 画像や MRI 画像をもとに作

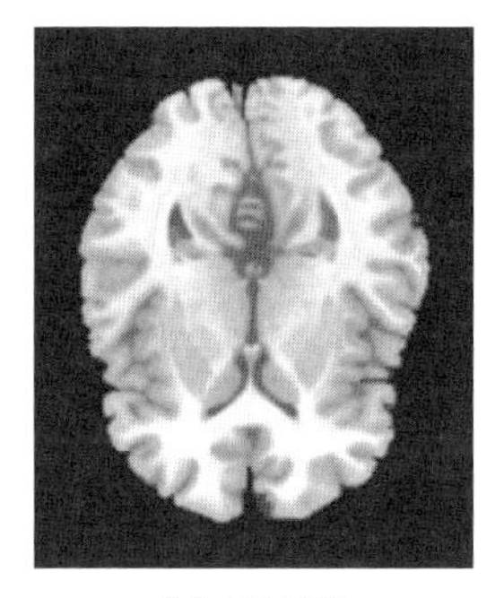

(a) CT 画像

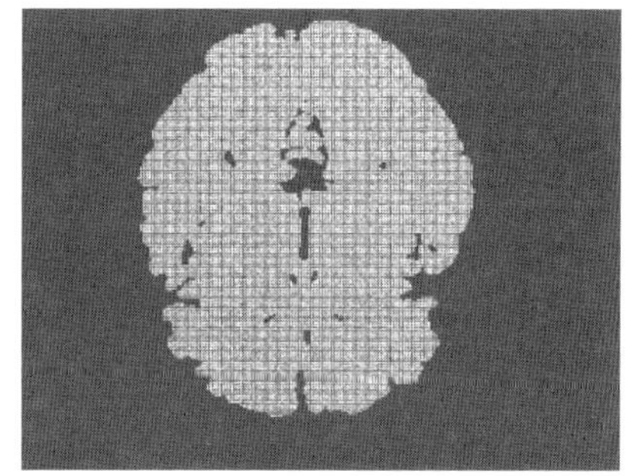

(b) 粒子化

図 **7.12**　CT 写真から粒子モデルを生成

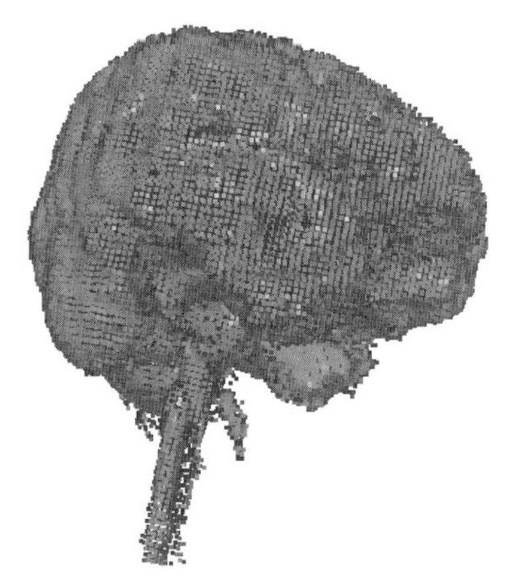

図 **7.13**　脳の 3 次元粒子モデル

成します．図 7.12 (a)は脳の CT 画像ですが，この画像のピクセルが持つ明暗レベルをもとに脳組織を抽出します．画像の 1 ピクセルを粒子 1 個に置き換えると，脳の 1 断面の粒子モデルが完成します(同図(b))．およそ 0.2 mm の断層間隔で，300〜500 枚の CT 写真データを用いて粒子化し，それを積層することにより 3 次元の粒子モデルができあがります．

図 7.13 は作成された 3 次元脳モデルでおよそ 1500 万粒子を用いています．この脳モデルを用いて，脳の切開シミュレーションや脳の打撲損傷シミュレーションなどをおこなうことができます．

粒子モデルにより人体組織を表す長所は，画像データのピクセルごとに粒子生成が自動的におこなわれ，データ作成が簡便なこと，複雑な組織の細部まで精度よくモデル化できること，さらに，粒子化されたモデルは比較的自由に切開，あるいは変形させることができ人体組織の材料物性が与えられれば，組織の構造的応答が粒子法で求められることなど，有限要素法などに比べ優位な点が多いと考えられます．

歯科系の解析も咀嚼筋肉と歯の構造の関係，あるいは，インプラント解析などに応用されつつあります．粒子法流体解析では，血管中の血流解析や心臓の大変形運動と血流の連成解析などの研究例があります．人体を含めた生体組織のシミュレーションにおいて粒子法の研究例は今後大幅に増加することでしょう．

8

結　び

粒子法の開発の最初の動機は，宇宙空間に見られるダイナミックな星群の運動をリアルに再現する点にあり，粒子モデル，影響半径概念，重み付き補間の考え方を用いた新しい流体解析手法を創出しました．この初期の粒子法はSPH(Smoothed Particle Hydrodynamics)法と呼ばれ，今日の粒子法の源流と考えられています．本書もこのSPH法をベースとしています．

粒子法は有限要素法や差分法など従来の解析手法とは異なるいくつかの新しい概念・理論を基本としています．このユニークさが粒子法の多くの特徴を生み出しており，その後，様々なタイプの粒子法が国内外で開発されてきました．現在，流体解析，固体解析，熱伝導解析など，従来，差分法の理論が適用されたほとんどの問題は，粒子法でも解析可能となり，乱流問題などの非線形性の強い問題にも応用がなされ始めています．陽的有限要素法によって解かれていた固体の諸問題に対しても粒子法を使うことができ，汎用性の高さは有限要素法にも劣らないと思われます．

粒子法が有限要素法や差分法などの従来の連続体シミュレーション手法と大きく異なるのは，これまでに述べたとおり，連続体場を物質場としてモデル化し，物質素片の運動を求める手法を用いている点にあります．このような方法論は物理の力学計算によく見られる原子・分子のシミュレーションに近いと考えられ，未開拓の領域が大きく，今後，製造現場の諸問題を解決する手法として使用されるとともにその物理的性格から研究現場でも大きな役割を期待されるでしょう．

具体的には，まず，物理場(ミクロ場)と連続体場(マクロ場)の結合問題があります．現在の解析では物理場と連続体場はまったく別問題として扱われています．しかし，連続体物質の重要な性質の多くは，物理場と連続体場が融合している領域で生じると考えられます．固体問題では熱力学的な条件から様々な結晶成長が促進され，異方性や強度特性が現れてきます．したがって，このような問題には複雑な物理・化学的プロセスを考慮した解析が必要となり，粒子法のような物質素片を基本とした解析手法をこの分野の問題に適用すると，物理相から連続体相が形成されていくプロセスで利点がありそうです．

また，相変化問題があります．これは上の内容と関連しますが，熱流体が冷やされて固体に変わる，あるいは水分が冷却されて雪の結晶を形成するといった物質の相変化の解析です．このような問題は分子動力学とモンテカルロ法などの組み合わせで行われていますが，物理場から連続体場への現象の連続性が十分に解析できない点が問題となっています．固体相，液体相，気体相といった物質の相変化過程を通じて，質点モデルと粒子モデルの組み合わせが有効となれば，粒子法は扱い易く精度の高い解法となる可能性が考えられます．ただし，このような解析では巨大な解析モデルが必要となりますから，ハードウェアの向上と，高速計算技術のさらなる向上も不可欠となります．解析時間が長い，粒子寸法が不均一な場の解析が困難である，変形する物体境界が曖昧となりやすい，などの問題点を克服しながら，これまで扱うことが難しかった連続体の諸問題への適用が今後もますます増加していくことが予想されます．

付　録

場の演算子

本書の第4章～第6章において登場する偏微分方程式には，スカラー量，ベクトル量，テンソル量などのさまざまな物理量に対する微分として，グラジエント，ダイバージェンス，ローテーション，ラプラシアンを使いました．これらをまとめて場の演算子と呼びます．

この付録では，これら場の演算子をまとめて簡単に説明しておきます．なお，3次元の(直交)座標を(x_1, x_2, x_3)とし，その単位ベクトルを$(\boldsymbol{i}_1, \boldsymbol{i}_2, \boldsymbol{i}_3)$で表します．

スカラー量の関数ϕの1階空間微分であるグラジエント(勾配演算子)は

$$\nabla\phi = \frac{\partial\phi}{\partial x_1}\boldsymbol{i}_1 + \frac{\partial\phi}{\partial x_2}\boldsymbol{i}_2 + \frac{\partial\phi}{\partial x_3}\boldsymbol{i}_3$$

で与えられます．簡単のために，3次元の座標に関する和を省略して，

$$\nabla\phi = \frac{\partial\phi}{\partial x_i}\boldsymbol{i}_i = \phi_{,i}\boldsymbol{i}_i$$

と表すこともあります．この表式ではiについて和をとるものとします．このような省略記法を総和規約と呼びます．

次に，ベクトル量$\boldsymbol{V} = (V_1, V_2, V_3)$の1階空間微分であるダイバージェンス(発散演算子)は，

$$\mathrm{div}\,\boldsymbol{V} = \nabla\cdot\boldsymbol{V} = \frac{\partial V_1}{\partial x_1} + \frac{\partial V_2}{\partial x_2} + \frac{\partial V_3}{\partial x_3}$$

で表します．グラジエントと同じように，総和規約を用いれば，

$$\mathrm{div}\,\boldsymbol{V} = \frac{\partial V_i}{\partial x_i} = V_{i,i}$$

と表されます．

さらに，ベクトル $\boldsymbol{V}$ のローテーション（回転演算子）は，

$$\mathrm{curl}\,\boldsymbol{V}\ \ (=\mathrm{rot}\,\boldsymbol{V}) = \nabla\times\boldsymbol{V} = \begin{vmatrix} \boldsymbol{i}_1 & \boldsymbol{i}_2 & \boldsymbol{i}_3 \\ \dfrac{\partial}{\partial x_1} & \dfrac{\partial}{\partial x_2} & \dfrac{\partial}{\partial x_3} \\ V_1 & V_2 & V_3 \end{vmatrix}$$

と表されます．総和規約を用いると，

$$\vee\times\boldsymbol{V} = E_{ijk}\boldsymbol{i}_i\frac{\partial V_k}{\partial x_j} = E_{ijk}V_{k,i}\boldsymbol{i}_i$$

と表記されます．ここで，E_{ijk} は置換記号（交換テンソル）と呼ばれる記号で，その定義は

$$E_{123} = E_{231} = E_{312} = 1,$$

$$E_{213} = E_{321} = E_{132} = -1,$$

$$\text{その他の場合は}\ E_{ijk} = 0$$

です．すなわち，E_{ijk} の添え字の並び順が $(1, 2, 3)$ の偶置換（入れ替えを偶数回おこなう）になっているときは 1 に等しく，奇置換（入れ替えを奇数回おこなう）のときは -1 に等しくなります．また添え字のうち 2 つ以上が等しいときは 0 になります．

最後に，関数 ϕ の 2 階空間微分であるラプラシアン（ラプラス演算子）は，

$$\nabla^2\phi = \frac{\partial^2\phi}{\partial x_1^2} + \frac{\partial^2\phi}{\partial x_2^2} + \frac{\partial^2\phi}{\partial x_3^2}$$

で定義されます．これも総和規約を用いることができ，

$$\nabla^2\phi = \phi_{,ii}$$

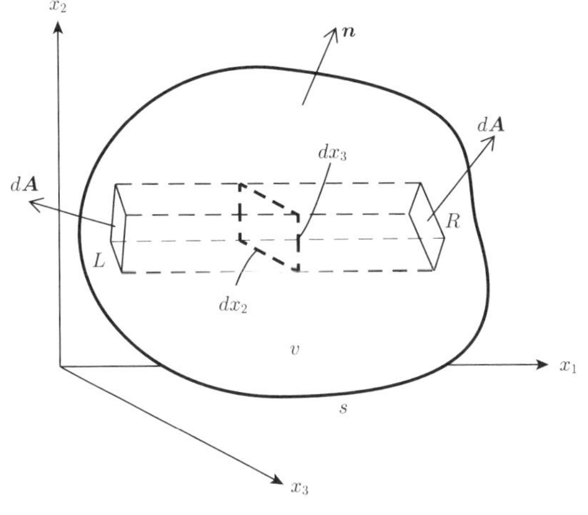

ガウスの発散定理の説明図

と表されます．

ガウスの定理とグリーンの定理

まずはガウスの発散定理です．本書の第4章において，スカラー量やベクトル量の1階空間微分に関する公式を導いたところで利用しています．

定理（ガウスの発散定理）

3次元空間で閉曲面 s に囲まれた領域を v とし，各点で定義されたベクトル場 $\boldsymbol{v}$ に対して，

$$\iiint_v \mathrm{div}\,\boldsymbol{v} dv = \oiint_s \boldsymbol{v}\cdot d\boldsymbol{A}$$

が成り立つ．ただし，$d\boldsymbol{A}=\boldsymbol{n}dA$，$\boldsymbol{n}$ は s の単位法線ベクトルで，右辺は s に関する面積分である（図参照）．

まず，空間の各点で定義されている n 階のテンソル $T_{jk\cdots}$ を考えます．図の領域 v は，辺が dx_2 および dx_3 である底面を有する微小な角柱から構成されていると考えます．その微小な角柱を 1 つとり，その体積 Δv 全体で積分：

$$\iiint_{\Delta v} \frac{\partial}{\partial x_1}(T_{jk\cdots})dx_1dx_2dx_3 \qquad \cdots①$$

をすることを考えます．

まず，x_1 について積分を実行すれば，

$$① = \iint(T_{jk\cdots}dx_2dx_3)_R - \iint(T_{jk\cdots}dx_2dx_3)_L$$

となります．ここで，右辺の第 1 項は角柱の右端 R で，第 2 項は左端 L で評価した値とします．v の境界面の単位法線ベクトル $\boldsymbol{n}$ の方向余弦を n_1, n_2, n_3 とすれば，右端 R での dx_2dx_3 は $(+n_1dA)$ で，左端 L の dx_2dx_3 は $(-n_1dA)$ で置き換えることができます．すなわち，

$$① = \iint(T_{jk\cdots}n_1dA)_R + \iint(T_{jk\cdots}n_1dA)_L$$

です．したがって，領域 v を構成するすべての角柱で積分すれば

$$① = \iint_R(T_{jk\cdots})n_1dA + \iint_L(T_{jk\cdots})n_1dA$$

となります．この式の右辺の積分は閉曲面 s のすべてにわたることになります．したがって，右辺は結局，s の積分で置き換えられて，

$$① = \oiint_s(T_{jk\cdots})n_1dA$$

となります．さらに，この式は任意の x_2 や x_3 の方向についても成り立つことに注意します．つまり，

$$\iiint_v \frac{\partial T_{jk\cdots}}{\partial x_i}dv = \oiint_s(T_{jk\cdots})n_idA$$

が成り立ちます．これをガウスの定理と呼ぶこともあります．

$T_{jk\cdots}$ のかわりにスカラー ϕ を用いた場合は,

$$\iiint_v \nabla\phi dv = \oiint_s \phi d\boldsymbol{A}$$

となります．$\phi_{,i}=\dfrac{\partial\phi}{\partial x_i}$ として，総和規約を用いて，

$$\iiint_v \phi_{,i} dv = \oiint_s \phi n_i dA$$

と表記することもあります．

次に，$T_{jk\cdots}$ を1階のテンソル(ベクトルと同義)だとします．すなわち，$T_{jk\cdots}$ のかわりにベクトル v_j を用います．すると，先に掲げたガウスの発散定理が得られます．ガウスの定理はこの形でしばしば使用されます．また，

$$\iiint_v v_{j,j} dv = \oiint_s v_j n_j dA$$

と表記されることもあります．

次にグリーンの定理です．

ベクトル場 $\boldsymbol{v}$ が，

$$\boldsymbol{v} = \phi_i \boldsymbol{i}_i$$

で与えられるとします．するとガウスの発散定理により，

$$\iiint_v \left(\frac{\partial\phi_1}{\partial x_1}+\frac{\partial\phi_2}{\partial x_2}+\frac{\partial\phi_3}{\partial x_3}\right) = \oiint_s (\phi_1 n_1+\phi_2 n_2+\phi_3 n_3) dA$$

が成り立ちます．この形をグリーンの定理と呼んでいます．

グリーンの定理で $\phi_2=0$ および $\phi_3=0$ とします．また，u および w を関数として，$\phi_1=uw$ と表されるとします．すると，

$$\iiint_v \frac{\partial(uw)}{\partial x} dv = \iiint_v u\frac{\partial w}{\partial x} dv + \iiint_v w\frac{\partial u}{\partial x} dv = \oiint_s (uw) n_1 dA$$

となります．したがって，

$$\iiint_v u\frac{\partial w}{\partial x}dv = \oiint_s (uw)n_1 dA - \iiint_v w\frac{\partial u}{\partial x}dv$$

が成り立ちます．この式は，x_2, x_3 方向にも成り立つので，

$$\iiint_v u\frac{\partial w}{\partial x_i}dv = \oiint_s (uw)n_i dA - \iiint_v w\frac{\partial u}{\partial x_i}dv$$

と表されます．これは部分積分の公式になっています．

時間差分法

時間差分法とは，時間依存の偏微分方程式を解くために時間方向の微分を差分で近似して得られる差分方程式を解く手法のことです．代表的な解き方として陽解法と陰解法があります．

ここでは，本書の第5章と第6章で用いたオイラーの陽解法を中心に説明します(詳しくは[越塚誠一 1997]を参照)．

時間的に変化していく物理量 ϕ についての偏微分方程式

$$\frac{\partial \phi}{\partial t} = f(\phi) \qquad \cdots②$$

を考えます．右辺の関数 f は時間微分の項を含まず，ϕ の空間微分などの項を含んでいるものとします．

上記のような偏微分方程式を数値的に解く場合，物理量 ϕ の時間発展を離散的に計算していきます．時刻 $t=t^0$ での初期値 ϕ^0 からスタートさせ，時間間隔 $\Delta t^n = t^{n+1} - t^n$ ごとの ϕ の値を $\phi^0, \phi^1 = \phi(t^1), \cdots, \phi^{n-1} = \phi(t^{n-1})$, $\phi^n = \phi(t^n), \cdots$ とします．

さて，時刻 t^n まで ϕ の計算が進み，次に時刻 t^{n+1} の計算をするとします．時間微分を差分化して，

$$\frac{\partial \phi}{\partial t} = \frac{\phi^{n+1} - \phi^n}{\Delta t}$$

と表します．これを方程式②に代入し，時間微分の項を含まない f の値

を時刻 t^n で評価するとします．このとき，

$$\phi^{n+1} = \phi^n + \Delta t f(\phi^n)$$

が得られます．この式をよく見ると，右辺の項はすべて時刻 t^n の時点で既知量となっています．したがって未知量 ϕ^{n+1} は，既知量を右辺に代入する操作だけで計算できることになります．これがオイラーの陽解法と呼ばれるものです．このように，時間微分以外の項が既知量で表され，代入操作だけで計算できる手法を陽解法と呼びます．

一方，時間微分以外の項に未知量である時刻 t^{n+1} の値で評価する手法を陰解法と呼びます．なお，時間微分以外の項のすべてが未知量である場合は完全陰解法と呼びます．このときは，

$$\phi^{n+1} = \phi^n + \Delta t f(\phi^{n+1})$$

となり，右辺にも未知量が含まれます．右辺に空間微分の項がある場合には，ϕ^{n+1} は代入操作だけでは計算できません．

陰解法では差分式が行列方程式となり，これを解くための計算量は通常，多くなります．したがって，代入操作だけで計算できる陽解法に比べて計算に時間が長くかかります．その一方，時間刻み幅 $\Delta t^n = t^{n+1} - t^n$ を大きくしても安定した解が得られやすいという利点があります．

参考文献

T. Belytschko, Y. Y. Lu and L. Gu 1994. Element Free Galerkin Method. *International Journal for Numerical Methods in Engineering.* Vol.37: pp. 229–256.

C. A. Brebbia (著), 神谷紀生, 田中正隆, 田中喜久昭(訳) 1980.『境界要素法入門』培風館.

P. W. Cleary and J. J. Monaghan 1999. Conduction Modeling Using Smoothed Particle Hydrodynamics. *Journal of Computational Physics.* Vol. 148: pp.227–264.

G. Dilts 1999. Moving-least-square-particle-hydrodynamics I, consistency and stability. *International Journal for Numerical Methods in Engineering.* Vol. 44: pp.1115–1155.

R. A. Gingold and J. J. Monaghan 1977. Smoothed Particle Hydrodynamics: Theory and Application to Non-Spherical Stars. *Monthly Notices of the Royal Astronomical Society.* Vol. 181: pp. 375–389.

F. H. Harlow and B. D. Meixner 1961. *The Particle-and-Force Computing Method for Fluid Dynamics.* LAMS–2567. Los Alamos Scientific Laboratory.

F. H. Harlow 1963. The Particle-in-Cell method for numerical solution of problems in fluid dynamics. *Proceedings of Symposia in Applied Mathematics.* Vol. 15: p. 269.

C. J. Hayhurst, R. A. Clegg and I. H. Livingstone 1996. SPH Techniques and Their Application in High Velocity and Hypervelocity Normal Impacts. *TTCP WTP 22nd Annual General Meeting, Hydrocode Workshop, April 10–15.* pp. 1–18.

L. Hernquist and N. Katz 1989. TREESPH: A Unification of SPH with the Hierarchical Tree Method. *Astrophysical Journal Supplement Series.* Vol. 70: pp. 419–446.

W. G. Hoover (著), 志田晃一郎(訳) 2008.『粒子法による力学：連続体シミュレーションへの展開』森北出版.

一宮正和, 酒井譲 2013. SPH 粒子法による湯流れ・凝固シミュレーション. 鋳造工学. 第 85 巻 8 号：pp. 481–488.

伊理正夫(監修), 腰塚武志(編) 1993.『計算幾何学と地理情報処理』第 2 版, 共立出版.

M. Jubelgas, V. Springel and K. Dolag 2004. Thermal conduction in cosmological SPH simulations. *Monthly Notices of the Royal Astronomical Society*. Vol. 351: pp. 423-435.

河村哲也 1996.『流体解析 I』〈応用数値計算ライブラリ〉, 朝倉書店.

S. Koshizuka, H. Tamako and Y. Oka 1995. A Particle Method for Incompressible Viscous Flow with Fluid Fragmentation. *Computational Fluid Dynamics Journal*. Vol. 4: pp. 29-46.

越塚誠一 1997.『数値流体力学』〈インテリジェント・エンジニアリング・シリーズ〉, 培風館.

越塚誠一 2005.『粒子法』丸善出版.

越塚誠一, 柴田和也, 室谷浩平 2014.『粒子法入門：流体シミュレーションの基礎から並列計算と可視化まで』丸善出版.

E. S. Lee, C. Moulinec, R. Xu, D. Violeau, D. Laurence and P. Stansby 2008. Comparisons of weakly compressible and truly incompressible algorithms for the SPH mesh free particle method. *Journal of Computational Physics*. Vol. 227(18)：pp. 8417-8436.

S. Li and W. K. Liu 2004. *Meshfree Particle Methods*. Springer.

L. Libersky and A. G. Petschek 1991. Smoothed Particle Hydrodynamics with Strength of Materials, in *Advances in the Free-Lagrange Method*. Lecture Notes in Physics. Vol. 395: pp. 248-257. Springer.

T. Liszka and J. Orkisz 1980. The finite differnce method at arbitrary irregular grids and its applications in applied mechanics. *Computers and Structures*. Vol. 11: pp. 83-95.

G. R. Liu and M. B. Liu 2003. *Smoothed Particle Hydrodynamics: a meshfree particle method*. World Scientific.

W. K. Liu, S. Jun and Y. I. Zhang 1995. Reproducing kernel particle methods. *International Journal for Numerical Methods in Fluids*. Vol. 20: pp. 1081-1106.

L. B. Lucy 1977. A numerical approach to the testing of the fission hypothesis. *Astronomical Journal*. Vol. 82 (12)：pp. 1013-1024.

J. J. Monaghan 1994. Simulating Free Surface Flows with SPH. *Journal of Computational Physics*. Vol. 110: pp. 399-406.

日本塑性加工学会(編) 1994.『非線形有限要素法：線形弾性解析から塑性加工解析まで』コロナ社.

E. Onate, S. Idelsohn, O. C. Zienkiewicz and R. L. Taylor 1996. A stabilized finite point method for analysis of fluid mechanics problem. *Computer Methods in Applied Mechanics and Engineering*. Vol. 139: pp. 315-347.

E. Parzen 1962. On Estimation of a Probability Density Function and Mode. *Annals of Mathematical Statics*. Vol. 33 (3)：pp. 1065-1076.

酒井譲, 山下明彦 2001. SPH 理論に基づく粒子法による構造解析の基礎的検討.

日本機械学会論文集(A 編). 第 67 巻 659 号：pp. 1093–1102.

酒井譲, 山下明彦 2002. SPH 法による弾塑性解析手法の検討. 日本機械学会論文集(A 編). 第 68 巻 669 号：pp. 772–778.

酒井譲, 楊宗億, 丁泳愷 2004. SPH 法による非圧縮粘性流体解析手法の研究. 日本機械学会論文集(B 編). 第 70 巻 696 号：pp. 1949–1956.

酒井譲 2008. SPH-DEM 連成解析による粉体解析. 計算工学講演会論文集. pp. 255–258.

酒井譲 2009a. メッシュレス法を用いたシミュレーションの現状と塑性加工解析への活用. 塑性と加工(日本塑性加工学会誌). 第 50 巻 580 号：pp. 386–391.

酒井譲 2009b. SPH 法による金属組織解析. 日本機械学会計算力学講演会. 講演論文集. pp. 124–127.

D. Sulsky and H. L. Schreyer 1993. The Particle-in-Cell Method as a Natural Impact Algorithm, in *Advancd Computational Methods for Material Modeling*. AMD-Vol. 180: pp. 219–229. ASME.

数値流体力学編集委員会(編) 1995. 『非圧縮性流体解析』〈数値流体力学シリーズ〉, 東京大学出版会.

J. W. Swegle, S. W. Attaway, M. W. Heinstein, F. J. Mello and D. L. Hicks 1994. *An Analysis of Smoothed Particle Hydrodynamics*. SANDIA REPORT-93-25-13.

田辺行人, 高見穎郎(監修), 高見穎郎, 河村哲也(著) 1994. 『偏微分方程式の差分解法』〈東京大学基礎工学双書〉, 東京大学出版会.

矢川元基 1983. 『流れと熱伝導の有限要素法入門』〈有限要素法の基礎と応用シリーズ〉, 培風館.

G. Yagawa and T. Yamada 1996. Free Mesh Method: A New Finite Element Method. *Computational Mechanics*. Vol. 18: pp. 383–386.

矢川元基, 細川孝之 1997. フリーメッシュ法(一種のメッシュレス法)の三次元問題への適用. 日本機械学会論文集(A 編). 第 63 巻 614 号：pp. 2251–2256.

矢川元基, 白崎実 1997. フリーメッシュ法(一種のメッシュレス法)の流体解析への適用. 日本機械学会論文集(B 編). 第 63 巻 614 号：pp. 3263–3268.

矢川元基, 奥田洋司, 中林靖 1998. 『有限要素法流れの解析』〈計算科学シリーズ〉, 朝倉書店.

G. Yagawa and M. Shirazaki 1999. Parallel Computing for Incompressible Flow Using a Nodal-Based Method. *Computational Mechanics*. Vol. 23: pp. 209–217.

矢川元基, 関東康祐, 奥田洋司 2000. 『計算力学〈空間系 I〉』〈岩波講座 現代工学の基礎〉, 岩波書店.

G. Yagawa and T. Furukawa 2000. Recent Developments of Free Mesh Method. *International Journal for Numerical Methods in Engineering*.

Vol. 47: pp. 1419–1443.

矢川元基(編著) 2001.『パソコンで見る流れの科学：数値流体力学入門』講談社ブルーバックス.

矢川元基(編著) 2004.『計算力学』放送大学教育振興会.

矢川元基(編集委員長) 2004.『構造工学ハンドブック』丸善出版.

矢川元基, 吉村忍 2005.『計算固体力学』〈シリーズ現代工学入門〉, 岩波書店.

矢川元基, 関東康祐, 奥田洋司 2005.『計算力学』〈シリーズ現代工学入門〉, 岩波書店.

矢川元基, 宮崎則幸(編) 2007.『計算力学ハンドブック』朝倉書店.

N. Yamagata, Y. Sakai and P. V. Marcal 2015. Modeling and SPH Analysis of Composite Materials, in *Design and Analysis of Reinforced Fiber Composites*. pp. 87–99. Springer.

M. Yokoyama, K. Murotani, G. Yagawa and O. Mochizuki 2014. Some considerations on surface condition of solid in computational fluid-structure interaction, in *Numerical Simulations of Coupled Problems in Engineering*. pp. 171–186. Springer.

M. Yokoyama, Y. Kubota, K. Kikuchi, G. Yagawa and O. Mochizuki 2014. Some remarks on surface conditions of solid body plunging into water with particle method. *Advaced Modeling and Simulation in Engineering Sciences*. Vol. 1 (9)：pp. 1–14.

O. C. Zienkiewicz and R. L. Taylor(著), 矢川元基(訳者代表) 1996.『マトリックス有限要素法』(I, II), 科学技術出版社.

索　引

英数字

ア 行

カ 行

サ 行

タ 行

ナ 行

ハ 行

マ 行

ヤ 行

ラ 行

矢川元基
東京大学大学院工学系研究科修了(工学博士).
東京大学教授，東洋大学教授，日本学術会議会員，日本応用数理学会会長，日本シミュレーション学会会長，国際計算力学連合会長などを経て，現在，東京大学名誉教授，東洋大学名誉教授，東京理科大学客員教授.
主著：『計算固体力学』(共著，岩波書店，2005)，『計算力学』(共著，岩波書店，2005)，『計算力学ハンドブック』(共編，朝倉書店，2007)ほか.

酒井 譲
東京大学大学院工学系研究科修了(工学博士).
横浜国立大学教授などを経て，現在，横浜国立大学名誉教授.
主著：『初めて学ぶ情報リテラシー』(監修，養賢堂，2002).

粒子法 基礎と応用

2016年11月29日　第1刷発行

著　者　矢川元基(やがわげんき)　酒井 譲(さかいゆずる)

発行者　岡本 厚

発行所　株式会社 岩波書店
〒101-8002 東京都千代田区一ツ橋2-5-5
電話案内 03-5210-4000
http://www.iwanami.co.jp/

印刷・製本　法令印刷

ISBN 978-4-00-006150-6　Printed in Japan